余巧玲
蒋晓敏
李慧慧 编著

XINZHONGSHI

FUZHUANG SHEJI

ZHIBAN

YU CAIJIAN

中式装设计、制板与裁剪

化学工业出版社
·北京·

内容简介

本书共分为五章，主要介绍了新中式服装概述、新中式服装设计基础与效果图绘制、新中式服装制板及实例、新中式服装设计立体裁剪及实例、新中式服装设计搭配与展示等内容。本书在讲授新中式服装设计相关理论的同时，加入了大量实例展示，从实践案例的角度对新中式服装设计、制板与裁剪进行全面分析，有助于读者深入理解新中式服装设计的各种知识。

本书既适合作为服装配饰设计师、服装搭配师、造型师、陈列师等相关从业人员的参考学习书籍，也可以作为高等院校和职业院校服装专业教学用书。

图书在版编目（CIP）数据

新中式服装设计、制板与裁剪 / 余巧玲，蒋晓敏，李慧慧编著. -- 北京：化学工业出版社，2025. 7.
ISBN 978-7-122-47990-7

Ⅰ. TS941

中国国家版本馆CIP数据核字第20254Q6J63号

责任编辑：徐　娟　　　文字编辑：连思佳　　　装帧设计：中海盛嘉
责任校对：王　静　　　　　　　　　　　　　　封面设计：刘丽华

出版发行：化学工业出版社（北京市东城区青年湖南街13号　邮政编码100011）
印　　装：北京宝隆世纪印刷有限公司
787mm×1092mm　1/16　印张11　字数260千字　　2025年8月北京第1版第1次印刷

购书咨询：010-64518888　　　　　　　　　　售后服务：010-64518899
网　　址：http://www.cip.com.cn
凡购买本书，如有缺损质量问题，本社销售中心负责调换。

定　　价：88.00元

前言

　　新中式作为一种融合了传统与现代、东方与西方的设计风格，不仅丰富了中国的服装文化，也为全球时尚界带来了新的灵感。它不仅是对传统文化的一种致敬，也是对现代生活方式的一种探索和创新。随着市场的不断扩大和消费者需求日趋多样化，新中式服装将持续在国际舞台上发光发热，成为展示中国传统文化独特魅力和深厚底蕴的重要载体。这一设计风潮不仅是在服装领域的创新，更是文化自信与国家软实力的重要体现。

　　本书共分为五章，其中新中式服装概述为基础理论部分；新中式服装设计基础与效果图绘制、新中式服装制板及实例与新中式服装设计立体裁剪及实例为理论与实践运用部分；新中式服装设计搭配与展示为案例分析部分。本书从新中式服装的历史渊源与发展脉络入手，详细探讨了其设计理念、制板方法及裁剪技巧。我们将经典中式元素与现代设计语言相结合，通过对传统文化符号的现代化解读与创新应用，展示新中式服装的多样化表现形式。此外，本书关注设计过程中的材料选择、色彩搭配与造型表现等方面的内容，为读者提供全面的设计思路与实践指导。在具体操作层面，本书提供了详尽的制板与立体裁剪步骤，并配以丰富的图示与案例分析，力求为读者提供直观的学习体验与实用的参考资料。

　　本书由余巧玲、蒋晓敏、李慧慧编著。在编著过程中查阅了大量国内外相关专业资料，引用了其中的一些论点和实例材料，在此致以诚挚的谢意。同时，本书力图在理论与实践之间找到平衡，为读者呈现出全面而深入的新中式服装设计指导。希望本书不仅适合服装设计行业相关从业者和服装设计专业师生阅读，更可作为广大服装爱好者的参考读本，激发其对新中式服装的热爱与创作激情。在编著的过程中得到苏州大学艺术学院、苏州大学艺术研究院领导、老师的大力支持。最后，特别感谢苏州大学艺术学院博士生导师李正教授对本书作出的指导，感谢苏州大学艺术学院王巧博士，苏州高等职业技术学校杨妍老师，苏州大学卫来硕士、吴彬蔚硕士、刘城硕士、韩倩硕士等对本书的大力支持。因服装行业发展迅速，新中式服装的设计方法更新较快，本书的内容难免有遗漏与不足之处，敬请各位专家、读者指正！

编著者

2025年3月

目录

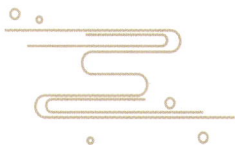

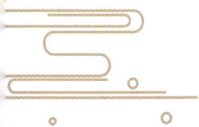

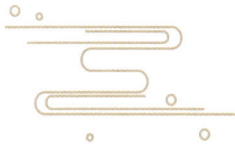

第一章

新中式服装概述

新中式服装，作为中国传统文化与现代审美相结合的产物，近年来在时尚界引起了广泛关注。它不是对传统服饰元素的简单堆砌，而是通过现代设计手法和材料的运用，将传统美学与现代生活方式完美融合，展现出独特的文化魅力和时代感。

新中式服装也被称为新中装，是指具有中华服饰元素，结合现代着装和审美意识，体现传统美学和文化底蕴，与新材料、新工艺及新技术等现代科技相融合，适合于不同时间、地点、场合穿着的服装。这一定义强调了新中式服装在保留传统元素的同时，注重现代感和实用性。新中装是唐装的发展延续，是中国传统服饰的一种创新形式。它不仅继承了传统服饰的精髓，还融入了现代设计理念，使得服装既保留了传统的韵味，又符合现代人的审美和穿着习惯。新中式服装的设计特点在于其对传统元素的巧妙运用，以及其将传统元素与现代设计的完美结合。例如，改良旗袍保留了传统旗袍的风格，并在此基础上增添了现代元素，版型调整后更适合现代人体型。

从市场规模来看，新中式服装行业在中国有着巨大的发展潜力。智研咨询发布报告预测，中国新中式服装市场规模已逾千亿元，2023年达到1113.08亿元，同比增长10.95%。这一数据表明，新中式服装受到国内消费者的喜爱，其市场潜力也在不断增长。新中式服装的流行也反映了年轻一代消费者对传统文化的重新认识和评价。他们追求有内涵而不厚重、有美感而不张扬的服装风格，这与新中式服装的特点高度契合。新中式服装不仅是一种时尚潮流，更是文化自信的体现，它让传统艺术在现今时代得到充分的展现（图1-1）。

图1-1 新中式服装

新中式服装的兴起也得益于国家政策的支持和市场的推动。中共中央办公厅、国务院办公厅发布的《关于实施中华优秀传统文化传承发展工程的意见》提出，设计制作展现中华民族独特文化魅力的系列服装服饰。这一政策背景为新中式服装的发展提供了良好的环境。

新中式服装作为一种融合了传统与现代、东方与西方设计风格的服装类型，不仅丰富了中国的服装文化，也为全球时尚界带来了新的灵感。它不仅是对中国传统文化的一种致敬，也是对现代生活方式的一种探索和创新。随着市场的不断扩大和消费者需求的多样化发展，新中式服装将持续在国际舞台上发光发热，成为展示中国传统文化独特魅力和深厚底蕴的重要载体（图1-2）。

图1-2　Uma Wang 2024/2025 秋冬巴黎时装周新中式连衣裙

第一节　新中式服装的缘起

新中式服装作为近年来时尚界的一种新兴风格，源于对传统中式服装的再解读与创新。在全球化和现代化浪潮的影响下，中国传统文化元素逐渐被赋予现代设计理念，使得新中式服装既传承了中国传统文化的精髓，又符合当代人的审美和穿着需求。

新中式服装的兴起，首先是对传统中式服装的重视与重现。随着人们对中国传统文化认同感的增强，越来越多的设计师开始探索和挖掘汉服、唐装等传统服装设计元素。这些元素不仅包括独特的剪裁和结构，还有丰富的刺绣、印染和图案设计及工艺，展现了中国传统手工艺的博大精深。新中式服装的另一重要特征是将现代设计理念融入传统元素。设计师在保留传统中式服装的基本形态和文化符号的同时，运用现代的面料、色彩与工艺，对传统服装进行创新与改良。这种融合使得新中式服装更加现代化，兼具舒适性与时尚感。例如，设计师会使用轻盈的面料，简化传统的繁复装饰，使服装更具未来感与简约兼容的现代感（图1-3）。

图1-3　现代设计理念下的新中式服装

■ 一、新中式服装的定义

"新中式"一词最早由梁思成先生提出，应用于建筑领域，所指的是"推陈出新，革故鼎新"的设计思路。"新中式"按照字面意思可解读为"新出现的、进步的中国样式"，主要体现在中国传统风格文化意义在当前时代背景下的演绎和对中国传统文化充分理解上的当代设计。新中式从字面含义来看，"新"指的是在服装工艺、设计方法、创作思维等方面的更新迭代；"中"指的是"中国"，其本质是一场关于中式服装的设计思想革新。在全球多元文化频繁交流的背景之下，刺绣、盘扣、立领等工艺元素结合东方气韵纷纷出现在国际舞台上，融入现代剪裁方式，展现出前所未有的文化力量（图1-4、图1-5）。近几年国家越来越重视传承和发展中国传统文化，这种设计观念也出现在很多领域，"新中式"服饰热潮进而逐渐兴起。新中式服装不是照搬传统中式元素，也不是将中式与西式生硬结合，而是建立在对中国传统文化内涵的全面理解上，融合中西方文化精髓，做出的符合当代审美的设计。

图1-4　2023春夏中国女装礼服旗袍　　图1-5　2024春夏中国女装礼服旗袍
　　绣玫中的刺绣　　　　　　　　　　　绣玫中的盘扣

■ 二、新中式服装的萌芽与发展

新中式设计诞生于中华文化复兴时期，由建筑和室内设计领域逐渐延伸到产品、平面、服装等领域。在知网文献检索中，"新中式"一词作为主题，最早出现在2002年的《大连世纪经典新中式样板房设计》中。2000年初期，围绕新中式的讨论大多关于住宅、家具，并且逐年递增，而"新中式服装"这一主题的相关文献从2008年起开始受到关注。新中式服装的诞生显然要比概念提出和文献研究的时间更早，追溯其起源，可以从源远流长的中国传统服装和18～19世纪西方的中国风服装这两个角度探讨。

中国传统服装起源于华夏大地，是中国固有的文化符号，具有平面型结构、连袖式等特点，极富民族特色。中国传统服装流传千年，直到近代辛亥革命后，西式服装进入国内，才有了与之对应的"中式服装"一说。西式服装的传入促使中式服装发生变革，形成了独特的中式服装风格，最常见的是近代改良旗袍（图1-6）。

图1-6　1926～1945《良友》画报中的改良旗袍

5

中国风是17～18世纪在欧洲各国流行的一种追求中国情调的西方风格，从属于当时的巴洛克和洛可可风格。服装中的中国风设计流行已久，设计师保罗·波烈、约翰·加利亚诺就运用过此种风格。但是，西方的中国风服装设计大多是通过西式设计手法对中国传统元素进行直接运用，缺少对中国传统文化内涵的深刻理解。

随着中国的快速发展，具有深刻内涵的中国元素在国内及世界舞台都受到了关注，中国传统文化的深层内涵和东方美学理念也得到更多国内外人士的认可和喜爱，传统文化复兴和国潮风盛行。同时兼具文化与时尚特征的中国风服饰成为消费者表达个性和品位的重要载体，新中式服装产业得以快速发展。早在20世纪90年代，英国服装设计师约翰·加利亚诺（John Galliano）在迪奥公司任职期间就曾多次将中国元素运用在高定系列中。2015年纽约大都会艺术博物馆慈善舞会（the Met Gala）以"中国：镜花水月"（China：Through the Looking Glass）为主题，也说明中国元素和新中式服装在国际上的影响力。目前国内众多设计师品牌都将中国传统元素作为灵感，如成立较早的如吉祥斋、夏姿·陈以及近年来在国际舞台上崭露头角的年轻品牌SAMUEL GUI YANG、ANGLE CHEN等，都将中国传统元素作为设计灵感，创作出众多兼具时尚美感与中国特色的新中式服装，也让新中式成为年轻世代新的潮流趋势（图1-7、图1-8）。

图 1-7　SAMUEL GUI YANG 2020 秋冬系列　　图 1-8　ANGEL CHEN 2021 秋冬系列

■ 三、新中式服装的创新与突破

与严格讲究形制的汉服不同，新中式服装在设计环节往往可以更加大胆乃至更具有突破性。例如，泡泡袖旗袍、盘扣上衣配百褶裙等搭配，凸显了新中式服装的独特魅力。为了提升服装的实用性和舒适度，新中式服装也开始利用科技面料，如透气性、保暖性和易洗性面料，并通过精细的剪裁和版型设计提高服装的功能性（图1-9）。

图 1-9　泡泡袖新中式服装

在形制方面，新中式服装不仅传承了传统工艺，还结合了非遗创新，使传统服饰的面貌和内涵得到了进一步的展现。例如，设计师们收集并研究宋锦传统纹样，将其与现代审美相结合，创造出符合现代人审美的新中式服装（图1-10）。在市场需求的驱动下，新中式服装产业快速发展，行业分类逐渐趋向精细化。目前，我国已形成类别丰富的新中式服装市场，满足不同消费者的个人喜好以及出席各种不同场合的着装需求。新

图 1-10　宋锦新中式服装

中式服装热也正是因为它的中式美学韵味，衍生出对传统中式服装审美意向的创新性演绎。例如，《诗·卫风·硕人》中的"衣锦褧衣"一说，指锦衣外面再加上麻纱单罩衣，以掩盖其华丽，这也是文人雅士所追求的"清水芙蓉"之自然美。新中式服装不仅在国内广受欢迎，国际时装周上也频频出现中国美学、非遗创新、国潮跨界等元素，因此，新中式服装的受众面和知名度也大大增加。

第二节　新中式服装的主要特点

　　新中式服装作为一种独特的时尚风格，融合了传统中式服装的元素与现代设计理念，形成了其鲜明的特点。

　　新中式服装在设计中充分保留了传统中式服装的经典元素，将传统元素与现代设计巧妙融合，既有旗袍立领、盘扣、刺绣等经典细节，又运用简约廓形和新型面料提升实穿性。通过利落的剪裁与流畅的线条打破传统制式，在宽松与修身之间找到平衡，既保留东方含蓄韵味，又符合当代审美需求。其文化符号也不再是生硬堆砌，而是通过重新解构转化为更具生命力的设计语言，让服饰既承载历史记忆，又能自然融入现代生活场景，展现文化传承的另一种可能（图1-11）。

图1-11　古典韵味的新中式系列服装

■ 一、传统与现代的完美结合

新中式服装没有固定的服装造型，不是简单地套用旗袍、汉服等服装形制，与传统中式服装有着明显区别，真实体现当代中国人的生活方式和气韵精神。新中式服饰风格保留了传统中式风格的基调，是传统元素与现代审美的融合。新中式服装的版型结构也在不断尝试改变，相比传统中式服装，新中式服装在日常生活中更具有实穿性，更能描绘出独属于当代东方人的神韵。

新中式服装既体现中式美学，又能凸显着装者的独特品位。"大繁至简"的理念在新中式服装中经常出现。在服装结构上，新中式服装为了满足日常的实穿需求，舍弃了传统服装宽大平直的廓形剪裁，而是在现代版型中加入国风元素或传统工艺技法。在局部结构上，新中式服饰擅长运用盘扣、纽带、门襟、开衩、腰封、流苏等；在工艺上，采用植物染、编织、刺绣、滚边、剪纸等工艺；图案上多是寓意吉祥福寿的图案，较多选用花鸟鱼虫、珍奇瑞兽、文字符号等；面料上多采用丝绸、棉麻、丝绒、薄纱等。新中式服装将中式元素悄然融入日常穿搭，弱化了传统的仪式感和隆重感，整体更加年轻化、现代化。它所代表的既是服饰风格、文化符号、产业概念，也是传统工艺顺应市场发展的工艺变革，更是国风走向大众的一个崭新挑战（图1-12、图1-13）。

■ 二、独特的剪裁与线条

新时代的中式服装，可以更进一步解释为——新时代当下的生活环境

图1-12　禧媚莲依品牌的新中式服装

图1-13　新中式服装图案

9

与生活方式，新时代当下的社会思潮与时代审美，新时代当下的科学发展与技术支撑，新时代当下的设计策略与设计方法。《中国历代服装染织、刺绣辞典》中对"中式服装"的解释是："我国固有传统式样的服装，属平面型结构，衣身平整、无肩缝、连袖式，富有民族特色，主要有偏襟和对襟的形式，又有交领右衽，以宽松、合体为主要特色"。由此可见，中式服装指的是具有传统服饰特征的服装。新中式服装并不是单纯的传统元素与材料的堆积，也不是简单的传统图案叠加，而是透过对中国传统文化的认知与理解，融合现代流行元素和传统文化，以现代人的审美需要，创造出具有中国传统魅力的新型服装，使其在当代社会得以适当地展现。

流行趋势下的新中式服装设计特征主要表现为气韵美、时尚美、和谐美。在廓形方面多以A型和H型为主。"新中式服装消费者购买偏好调查"的受测者表示，更倾向于选择易于搭配且简洁款式的服装，而A型和H型也与消费者注重简洁、便于搭配的特点契合。H型新中式服装见图1-14。

图1-14　H型新中式服装

■ 三、丰富的文化内涵

传统文化是我国现代社会发展的基石，而新中式服装是在新时代背景下，中国人对传统文化复兴的积极响应。将中国传统文化融入现代服装设计中，不仅是新中式服装发展的必然要求，也是实现文化传承的重要途径。因此，传统文化为新中式服装设计奠定了坚实的基础。

一方面，尽管新中式服装在全球化和信息化的背景下呈现出多元化特征，但其设计理念依然以传统文化内涵为根基。新中式服装设计师通过对传统文化的深入研究，提炼出其中的精髓和内涵，进而将其融入现代设计中。例如，汉服的立领、盘扣等元素在新中式服装设计中被巧妙运用，这不仅保留了传统的美感，同时也迎合了现代人的审美需求和穿着习惯。只有在传承传统文化内涵的基础上，新中式服装才能够与传统文化紧密结合，引发大众的认同感和共鸣。

目前，新媒体的迅猛发展促进了国际文化的交流。在这种情况下，新中式服装要在国际舞台上继续发展壮大，就必须充分运用传统文化的独特魅力，展现中国传统文化的深厚内涵。通过设计，向世界传递中国文化的独特性和多样性，让更多的人了解和欣赏中国的传统美学。

另一方面，传承传统文化并不意味着简单地"照抄"与完全继承。中国传统文化博大精深，内涵丰富，原封不动地继承不仅不切实际，更可能导致文化的僵化。传统文化是传统社会的产物，其文化理念在现代社会中并不总是适用。因此，传承传统文化内涵的关键在于提炼其精髓与精神内涵，并将其与现代审美和时代趋势相结合（图1-15）。

图1-15　"衣曳东方"的服装美学

在这一过程中，设计师可以通过吸收、借鉴和创新，赋予传统文化新的语义。例如，设计师可以从传统的民间艺术、经典文学以及历史典故中汲取灵感，创造出既具有传统文化底蕴又符合现代时尚潮流的服装作品。在挖掘传统文化的精神内涵和特征时，设计师需要关注其蕴含的文化意义和传达的精神。例如，中国传统文化强调的和谐、包容与自然的理念，可以在新中式服装设计中体现出来。通过对这些理念进行重新诠释，设计师能够创造出既传承经典，又符合现代人生活方式的服装。

整理传统文化中的相关典故和历史资料，探讨传统文化内涵对现代生活的影响能够为新中式服装设计提供更为坚实的文化基础。比如，设计师可以从古代典籍中寻找灵感，结合现代的设计手法，创造出既具历史感又符合当代审美的作品。这样的设计不仅能够展示中国传统文化的魅力，还能够引发人们对传统文化的思考与共鸣。新中式服装的发展离不开对传统文化的深刻理解与创新运用。通过传承传统文化内涵，并结合现代社会人们的需求与审美，设计师才能够创造出具有时代特征的服装作品。这样，不仅能够弘扬中华优秀传统文化，也能够在国际舞台上展现出中国文化的独特魅力，推动新中式服装在全球范围内的传播与发展。

例如知名品牌荷木HEMU，秉承原著、自然、禅意及传承东方文化的信念，致力于打造优秀的中国原创设计师品牌。该品牌在2024春夏秀场上展示的服装，是以宋代美学为设计元素，配合"青瓷瓯乐团"现场乐器表演，将具有中华民族深厚历史文化底蕴的音乐艺术与服饰文化完美融合，共同演绎一场服饰与音乐、视觉与听觉的感官盛宴。通过品牌秀场展示的服饰及相关理念，完美地传承并弘扬了中国传统文化（图1-16）。

图1-16　荷木 HEMU 2024 春夏秀场

第三节　新中式服装与传统服装的异同

传统中式服装具有世代相传、民族特色浓厚、历史悠久、博大精深等特点。具有代表性的青衫、马褂（图1-17）、旗袍、唐装、中山装（图1-18）等近代服饰，在中国的服装历史上发挥着承上启下的作用。相对于中国古代的服饰，它与现代服饰形成了一个衔接，具有现代风格，同时又延续了中国传统服饰的特点。

图1-17　传统绣球花夹马褂

图1-18　传统中山装

■ 一、款式与造型的异同

款式与造型可以看作服装外形的轮廓，常见的廓形有T型、X型、O型、A型、V型等，它能直观地体现出服装形态，是改变服装款式风格的重要因素。

传统中式服装的廓形多以T型、H型为主，宽大肥厚，不注重人体曲线。为了改变这种外形，新中式服装大胆融入了西方立体裁剪、平面制板的技术，改变了传统服装的廓形与造型，使整体款式更加立体。在结构上，其从立体裁剪出发，去追求合体与宽大之间的平衡，使服装既拥有东方的温柔婉约又不失时尚感。

2001年在中国上海举办的亚太经合组织（APEC）会议中，各国领导人身着唐装参会。唐装是由清朝的对襟马褂发展而来的一种近现代时装，是既传承了传统服装的图案与面料，又融入了西装版型特点的典型例子（图1-19）。

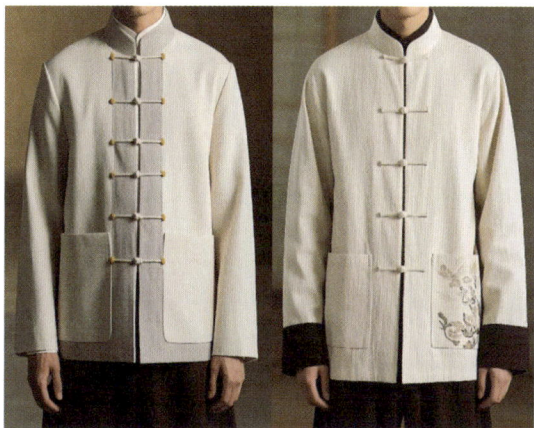

图1-19　唐装

■ 二、材质与工艺的异同

新中式服装与传统服装在材质与工艺上的异同，既体现了文化传承的脉络，也折射出时代演进的轨迹。二者在选材偏好、加工技术、审美表达等方面既有交融，亦有分野，共同构建了中式服饰文化的多元面貌。

传统服装的材质选择以天然纤维为主，强调与自然共生的哲学理念。丝绸、棉麻、锦缎等材料因其亲肤性、透气性和文化象征意义，成为古代服饰的核心载体。例如，丝绸作为"东方瑰宝"，不仅是唐宋时期贵族服饰的标配，更承载着"礼制"与"身份"的符号功能；棉麻则因质朴的肌理与平民化的属性，广泛应用于日常劳作服饰。传统材质的选择受限于古代生产技术，注重就地取材与手工织造的精细度，如苏杭的缂丝、蜀地的锦缎均以地域特色闻名。

新中式服装在延续天然材质的同时，大胆引入现代合成纤维与混纺技术。设计师常将真丝与涤纶混纺以提升抗皱性，或在麻料中融入氨纶增加弹性，使服装兼顾质感与实用性。例如，部分新中式品牌采用醋酸纤维模拟丝绸的光泽，既降低了服装的成本，又满足了容易打理的穿着需求。此外，环保理念的兴起推动了对新材质的探索，竹纤维、再生涤纶等可持续材料被纳入设计，呼应全球时尚产业的绿色转型趋势。值得注意的是，新中式服装并未完全摒弃传统材质，而是通过材料混搭（如丝绸与牛仔布拼接）实现视觉碰撞，赋予传统面料新的叙事语境。

传统服装工艺以手工为核心，追求"技近乎道"的极致匠心。刺绣、盘金绣、草木染等技艺不仅是装饰手段，更是地域文化与非遗传承人的载体。以清代宫廷服饰为例，一件龙袍需数十名绣工耗时数年完成，纹样布局严格遵循礼制规范；而民间蓝印花布则通过刻版、刮浆、浸染等工序，呈现质朴的乡土美学。这些工艺因耗时耗力、传承门槛高，在工业化时代一度面临断代危机。

新中式服装的工艺创新体现为"传统技法现代化"与"跨领域技术融合"。一方面，机器刺绣、数码印花等技术部分替代了纯手工制作，提高了生产效率并降低了成本。例如，传统苏绣中的花鸟图案可通过数码喷绘快速复刻，再以手工勾边增添立体感，形成"半机械半手工"的折中方案。另一方面，新中式服装设计积极嫁接当代科技，如使用3D打印技术制作立体盘扣、使用激光雕刻呈现镂空纹样，甚至将智能温控纤维嵌入服装，拓展服装的功能边界。然而，核心工艺的精神内核仍被保留：刺绣的吉祥寓意、盘扣的东方韵律等元素经过简化设计，以更符合现代审美的形态重现（图1-20、图1-21）。手工印染和蜡染可以丰富服装色彩的层次感，使每一件作品都独一无二，展现出不可复制的艺术性（图1-22）。

图1-20　刺绣工艺　　　　图1-21　盘扣设计　　　　图1-22　手工印染及刺绣工艺下的新中式服装

材质与工艺的演变背后，是传统与现代价值体系的对话。传统服装的材质与工艺受限于农耕文明的生产力与等级制度，强调"天人合一"的自然观与"尊卑有序"的社会观；新中式服装则立足工业文明与全球化语境，在保留文化基因的同时，回应功能性、可持续性、个性化等当代诉求。二者最根本的共通点在于对"中式美学"内核的坚守——无论是手工刺绣的纤巧灵动，还是数码印花的水墨意境，皆以形制为载体，传递含蓄、平衡、和谐的美学理念。

然而，差异亦不容忽视：传统工艺的"慢工细作"反映出以前人们的生活节奏相对较慢，而新中式工艺的"效率优化"则映射出当今社会的飞速发展；传统材质的选择受地域资源限制，新中式材质则受益于全球供应链与科技突破。这种对比揭示了服饰文化从"地域性技艺"向"全球性语言"转型的必然性，也警示着设计师需在创新中避免符号化堆砌，真正实现传统精神的创造性转化。

新中式服装在材质与工艺上的探索，并非对传统的背离，而是以当代设计语言重塑传统服装美学的尝试。无论是天然与合成材质的共生，还是手工与机械工艺的互补，皆彰显了中式美学在时代激变中的韧性——唯有在承袭中突破定式，方能令古老技艺焕发新生。

■ 三、色彩与图案的异同

新中式服装与传统中式服装在色彩和图案上既有相似之处，也有显著的差异。从色彩来看，新中式服装通常采用黑色、白色、灰色、墨绿色、咖啡色等现代高雅色调，并结合传统的红色、蓝色、黄色等民族色彩。这种搭配方式既保留了传统中式服装的民族特色，又融入了现代审美，展现出独特的美感。在图案方面，新中式服装继承了传统中式服装中的花鸟、山水、云纹等经典图案，同时也在设计中加入了更多时尚元素，如梅花扣、蝴蝶扣、蜻蜓扣等。这些图案不仅丰富了服装的视觉效果，还体现了传统文化的内涵。一款图案的呈现离不开图案工艺的表达，而图案工艺大体分为印花、刺绣、手绘、喷绘、缝珠等。其中刺绣是服装上最古老、最常用的工艺表达方式之一，已有悠久的历史，古代称之为"针绣""黹""针黹"。刺绣工艺的不断创新，演变出各种各样的刺绣手法。新中式服装设计在手法上采用加法设计，融入珠绣、亮片绣、立体刺绣等，将时尚元素与手工装饰融合，使得刺绣装饰在服装中更具层次性、创新性（图1-23、图1-24）。现代纺织数码印花突破原先丝网印刷耗时耗力的弊端，获得了众多设计师的青睐，它为设计师在图案工艺的创造上提供了更科学的技术支持，能精准地扫描图案，完整地呈现设计师的设计意图。新中式服装还注重色彩与图案的巧妙搭配，通过低饱和度和低对比度的色彩运用，营造出含蓄温柔的特质。

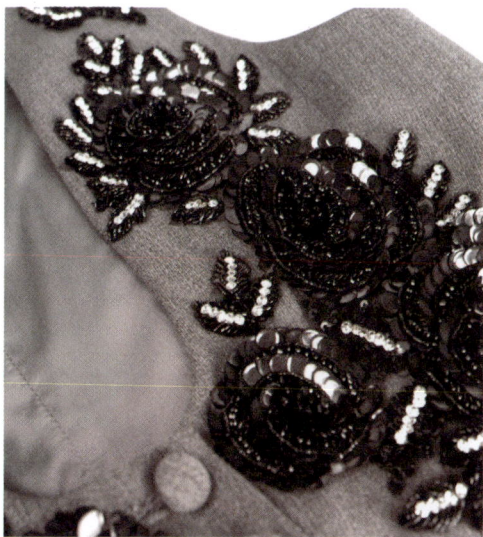

图1-23　珠绣的运用

图1-24　亮片绣的运用

相比之下，传统中式服装的色彩更为丰富多样，常见的有红色、黄色、蓝色、绿色等，其中红色象征喜庆和祥和，黄色代表贵族地位，蓝色象征清新自然，绿色则寓意生机和健康。传统中式服装常常以吉祥图案和花纹装饰，如龙凤呈祥、金玉满堂、花开富贵等，这些图案不仅美观大方，还富含深厚的文化意蕴（图1-25、图1-26）。新中式服装在设计上更加大胆和包容，既保留了传统中式元素的优点，又剔除了不符合现代审美的部分，使得整体风格更加符合现代人的审美需求。

图1-25　传统服饰图案（凤凰牡丹团纹、玉兔纹）

图1-26　新中式服装花卉纹样

■ 四、文化内涵与象征意义的异同

新中式服装和传统中式服装都承载着丰富的中国传统文化。从相同点来看，它们都是中华文化的重要组成部分，反映了中华民族的历史、思想和精神价值。例如，旗袍作为传统中式服装之一，在新中式服装设计中依然保留了其经典元素，并融入现代时尚元素，使其更加符合当代审美。两者都具有强烈的象征表意性。传统中式服装不仅仅是日常穿着的衣物，更是表达身份、地位和情感的载体。例如，红色代表喜庆，绿色代表生机等。新中式服装同样通过符号化的呈现方式，将中国传统文化的精髓与现代生活方式相结合，形成独特的审美风格。新中式服装继承了传统中式服装的美学理念，注重简约而不失美感的设计。这种设计不仅满足了现代人的审美需求，还体现了对中国传统文化的尊重和传承。

从异同点来讨论，相对于新中式服装来说，传统中式服装中大多只有单一直接的民族符号元素的表征，这种设计方式缺乏中国传统文化的生命力。这种现状激励设计师更加深刻地认识中国传统文化的内涵，摆脱对中国元素符号化、具象化的设计。虽然新中式服装随着经济、文化的发展而呈现时尚化趋势，但其设计思想与内涵仍然依附于中国传统文化。中国传统文化中蕴含的内涵是设计师不断创新的源泉，但如果我们不加以珍惜利用，其也有可能在当今设计中失去发展。传统的形式始终在反复运用中得到超越，犹如一棵大树，在生长的过程当中不断地生出众多的样式和种类，成为创造新作品的有力的支撑。

新中式服装在保留传统中式元素的基础上进行了现代化改良。例如，传统中式服装多为平面型结构，而新中式则结合现代生活方式，创造出适合日常穿搭的款式。这种设计不仅使服装更实用，也更符合现代人的生活节奏。新中式服装强调的是"返本开新"，即在承续传统的基础上进行创新。它不仅仅是一种复古风潮，更是在通过现代设计手法重新诠释传统文化，使之更具时代感和吸引力。这种创新不仅体现在服装款式上，还体现在面料选择和工艺制作上（图1-27）。

新中式服装通过符号化的方式将传统文化融入现代生活，使其成为一种生活美学的体现。而传统中式服装更多地作为历史文化的载体，反映了一定时期的社会发展状况和人们的精神价值追求。总之，新中式服装与传统中式服装在文化内涵和象征意义上既有共通之处，也有各自的特点。新中式服装通过现代设计手法重新诠释中国传统文化，既保留了传统文化元素，又符合现代审美和生活方式，成为年轻一代文化自信和审美追求的象征。

图1-27　新中式服装创新盘扣工艺

第四节　新中式服装的创新与发展

新中式服装在传承与创新中展现出了独特的文化魅力，通过解构传统纹样、融合现代剪裁工艺，既保留了东方美学的神韵，又适应了当代生活场景。设计师们将云锦、苏绣等传统工艺与激光雕刻、数码印花等现代技术相结合，创造出兼具文化内涵与实用功能的服饰作品。在材料选择上，应用纳米处理的真丝、环保草木染面料等创新材质，既延续了传统质感又提升了穿着体验。随着国潮兴起，新中式服装正从秀场走向日常，模块化设计让中式元素更易融入现代生活，而元宇宙中的动态数字服饰则拓展了文化表达的新维度。这种传统与现代的创造性转化，不仅让中国服饰文化焕发新生，更成为向世界传递东方美学的重要载体。

新中式服装在传统基础上不断进行创新，融合现代审美与实用性，设计更为多样化，强调个性化和时尚感。新中式服装往往带有更多的实验性和创造性，追求形式与功能的结合。多采用直线型和对称设计，结构较为简单，使用传统的款式造型，如对襟、斜襟等；在结构上更加灵活，常采用不对称设计和立体剪裁，强调服装的层次感和视觉动态。例如，新中式服装可以运用褶皱、堆叠等手法，增加服装的立体效果（图1-28）。

图1-28 "例外"时装秀中的新中式服装结构

■ 一、设计理念的前沿探索

新中式造型理念表述策略指的是：在新中式服装设计中运用现代化的款式造型与设计理念来表达中国传统文化的服装创新设计策略。首先，从相关论文资料方面来说，国内有研究者分别对新中式服装款式造型创新设计提出了自己的观点。在新中式服装款式创新设计上可以达成一致的是，新中式的款式造型应该以传统中式服装款式造型为基础，与现代服装造型相结合，适应现代化的生活环境。论文《新中式女装创新设计的研究》中提到，传统中式服装款式创新可以从整体款式造型和款式细节两方面进行；而

《"新中式服装"设计研究》一文则在两个方面的基础上提出，新中式服装的整体廓形设计应在传统中式服装廓形的基础上结合西方裁剪方式，款式细节创新设计则应将中式元素与流行元素相结合。国内学者从传承传统文化、创新传承、现代化创新这几个方面提出了自己的看法。浙江理工大学崔荣荣教授曾就传统服饰的创新提出："要将传统的古典艺术形态进行现代化创新……高腰襦裙、大袖短袄等经典的唐代服制在保留原有形态神韵的基础上，以更现代、更简约的时尚设计手法呈现，这种创新型的传承便是弘扬传统服饰文化的重要手段。"清华大学贾玺增教授说：一直在尝试将中国传统服饰文化进行当代转化研究，通过汲取传统文化内涵、服装形制和审美范式，融合当代艺术造型语言，做出随时代、随社会、随生活的创新设计和社会实践。

其次，国内相关品牌设计师在新中式服装设计中融入了个人的风格，并跟随时尚潮流发展，以自己的设计方式诠释对于中国传统美学与新中式服装款式创新设计的探索。M Essential品牌设计师马凯认为时装是时代的产物，将时装与传统服装款式结合的方式能够把传统文化延续到现代人的审美与生活中。

■ 二、款式与造型的多元发展

新中式服装款式与造型的多元发展，是近年来中国传统文化在现代时尚领域的一次成功融合。这种融合不仅体现在传统元素与现代设计的融合上，还体现在对不同场景、风格和消费群体需求的满足上。

从设计元素来看，新中式服装吸纳了中国传统元素，如立领、盘扣、斜襟、对襟等，并将其与现代设计理念相结合（图1-29）。例如，旗袍作为传统服饰的经典代表，在新中式服装设计中得到了改良，使其更加符合现代穿着需求，同时保持其独特的古典韵味。此外，汉服中的某些元素也被借鉴并现代化改良，如宽袖、方襟等。在2024年秋冬上海时装周上，新中式风格频频亮相，吸引了大量关注。根据相关报告，目前我国新中式服装市场规模已逾千亿元，并且持续增长。特别是在2024年春节期间，唐装、民族服饰等传统服饰品类实现了近600%的增长。此外，新中式服装的多样化款式也满足了不同消费者的需求。无论是旗袍、中式立领衬衫、汉服元素服饰、连衣裙、外套还是裤装，都展现出新中式服装独特的魅力。设计师通过整体廓形和局部细节结构的创

图1-29　新中式服装中的立领、盘扣元素

新，使新中式服装既保留了传统美学韵味，又符合现代审美。

■ 三、材质与工艺的创新趋势

新中式服装广泛使用真丝、棉麻、涤纶、黏胶等纺织原材料，这些材料不仅具有良好的舒适性和实用性，还能很好地展现传统纹样的美感。一些高端品牌甚至采用丝绒、鸵鸟毛、珠片等昂贵材料来提升服装的质感和视觉效果（图1-30、图1-31）。新中式服

图1-30　鸵鸟毛材料结合

图1-31　ARMANI2024秀场新中式服装珠片工艺

装的面料选择不仅限于传统的真丝、绸缎等，还包括了现代科技面料，如棉麻混纺、化纤混纺等。这些新型面料不仅保持了传统面料的质感和美感，还具备更好的透气性和舒适度。香云纱（真丝底坯覆顺德特有的河泥，浸薯莨汁）和柞蚕丝（野生蚕丝）等传统面料也得到了新的应用和发展。

新中式服装在保留传统工艺的基础上，进行了现代化改造。例如，经过对马面裙的制作工艺进行改进，使其可以机洗，更加适合现代人的日常穿着，并降低了洗护方面的隐性经济成本。此外，一些品牌通过将非遗工艺与现代剪裁技术结合，使服饰更具艺术感和实用性。设计师在新中式服装中大量运用小立领、对襟、提花暗纹等古典元素，并衍生出新的变化趋势。这些设计不仅传承了传统文化，还赋予了其现代时尚感，满足了年轻消费者的需求。

■ 四、跨界合作与品牌创新

新中式服装的跨界合作与品牌创新是当前中国时尚产业的重要趋势之一。新中式服装不仅在传统文化元素和现代设计之间找到了平衡，还通过多种方式推动了品牌的创新和市场扩展。新中式服装种类多样，每一种都具有独特的设计元素和风格，既能体现中国传统文化的魅力，又融入了现代设计的创新。这种融合不仅满足了不同消费者的个人喜好和场合需求的多样性，还使得新中式服装在市场中迅速走红，并带动了相关文旅新风尚的发展。国内许多服装企业注重挖掘传统文化价值，升级工艺技术，加强品牌跨界合作，创新消费场景，以优质供给促进消费升级。一些品牌通过与家居、饰品等其他领域的合作，推出联名系列，将新中式风格融入更多日常用品中，为传统文化注入新的活力和时尚感。此外，一些品牌还借助制造优势打造新IP，推动服装与文旅的融合，拓展更多可能性。

为了抓住广阔的市场需求，服装企业应从产品内核入手，推进传统服饰研究，培育植根传统、设计在线、品质优良的品牌；同时根据市场需求，选用新材料、引入新工艺、运用新技术、制定新标准，不断提高服装的时尚感和实用性。此外，跨界合作也是拓展消费群体的重要手段之一，通过与其他行业的合作，可以实现资源的合理利用和利润的最大化。

总体来看，新中式服装的跨界合作与品牌创新需要在保持中国传统文化精髓的基础上，不断进行现代化改良和创新设计。这不仅有助于提升品牌的市场竞争力，还能进一步推动整个行业的繁荣发展。值得注意的是，新中式服装的发展也面临一些挑战，如同质化严重和企业盈利空间较小等问题。为了应对这些挑战，服装企业需要专注产品创新升级，提高产品的时尚感和实用性。同时，还需要加强产业链协同，提升供应链技术水平，以确保高质量的产品输出。

第二章

新中式服装设计基础与效果图绘制

新中式服装的设计与效果图绘制是融合了传统元素与现代设计理念的复杂过程。新中式服装不是对传统文化元素的堆砌，而是要通过对中国传统文化的深刻认识，将现代元素与传统文化元素巧妙结合，以现代人的审美需求来打造富有传统韵味的服装。

在新中式服装设计的过程中，需要遵循创新性、时尚性、文化性、功能性四大原则。创新性即在传统文化元素的基础上进行创新，使服装更符合现代审美和穿着需求；时尚性要求在设计过程中紧跟国际潮流，将新中式风格与现代时尚元素相结合，使其更具时尚感；文化性要求在设计新中式服装的过程中，保持对中国传统文化的尊重和传承，体现中国传统文化的独特魅力；功能性是指在新中式服装的设计上，还需要注重服装的实用性和舒适性，以确保设计作品既美观又实用。

无论是手绘设计效果图还是软件绘制效果图，都需要掌握一定的基础知识和方法，并不断地进行练习和实践，才能提高自身的绘制水平。在绘制服装效果图时，要注意线条的流畅性，避免线条生硬或断裂；服装的比例要与人体比例相协调，避免出现头重脚轻或左重右轻的情况；细节也是服装效果图绘制的关键，要注意服装的材质、纹理、褶皱等细节的表现。

第一节　新中式服装的设计

目前，市场上很多新中式服装设计没有深入了解中国传统文化，只停留在对中国风格元素的刻板印象上，或将大量传统元素堆砌在一起，缺乏美感和实用性。日本一位时装设计大师说："传统不是现代的对立面，而是现代的源泉。"新中式服装不是对传统中式服装进行形制上的复原，而是传统与时尚的纽带，需要与现代风格相结合。进一步说，新中式风格的服装要灵活运用中国红、旗袍裙、小立领等传统形式，让人们思考"中国"，思考新中式服装背后深刻的精神内涵（图2-1）。

图2-1　新中式风格服装效果图

■ 一、设计理念

新中式服装的设计理念是对中国传统服饰文化与现代时尚元素的创新融合。这种理念不仅是对传统文化的传承和发展，更是对当代社会需求和审美观念的回应。新中式服装通过对传统元素的现代化演绎，形成独特的时尚风格，既保持了文化的根脉，又彰显了时代的特征。

（一）文化传承与现代创新

新中式服装设计的核心理念之一是文化传承与现代创新的结合。这一理念强调对中国传统服饰文化精髓的继承，同时融入现代设计元素和技术，以满足当代消费者的需求。传统服饰中的元素，如汉服的宽袖、旗袍的立领等，都是新中式服装设计的重要灵感来源。在保留这些经典元素的基础上，设计师通过现代裁剪技术、面料选择和色彩搭配等手段，赋予服装新的生命力（图2-2）。

图2-2　传统服饰元素再创造

（二）人体工程学与舒适性

新中式服装在设计时高度重视人体工程学和舒适性。传统中式服装以宽松舒适著称，设计师在传承这一特点的同时，结合现代人体工程学，注重服装的版型设计和细节处理，使其既符合现代人的身材特点，又能提供良好的穿着体验。例如，现代旗袍在保留传统修身轮廓的基础上，采用弹性面料或在关键部位进行剪裁调整，以增强舒适性和实用性。

（三）材料选择与环保理念

在新中式服装设计中，材料的选择至关重要。设计师不仅注重传统面料如丝绸、棉麻的应用，还积极采用现代高科技面料，以提高服装的功能性和耐用性。同时，随着环保意识的增强，越来越多的设计师在选择材料时注重环保和可持续发展。例如，使用有机棉、环保染料等材料，减少对环境的污染，并通过工艺创新，提升服装的环保性能。

（四）文化符号与图案设计

新中式服装的设计理念还体现在对文化符号和图案的创新应用上。传统中式服装中的龙凤、花卉、云纹等图案，是文化符号的重要载体。设计师通过现代设计手法，对这些图案进行重新诠释，使其既保留传统文化内涵，又符合现代审美。例如，运用数字印花技术，将传统图案与现代几何图形结合，创造出具有独特艺术魅力的图案设计（图2-3）。

图2-3 传统图案与几何图形

（五）设计灵感与国际视野

新中式服装的设计灵感不仅来源于中国传统文化，还吸收了国际时尚的前沿理念和趋势。设计师在全球化背景下，广泛借鉴其他文化和时尚元素，进行跨文化的融合与创新。例如，将西方的立体裁剪技术与中式的平面裁剪相结合，创造出既具有立体感又保留传统风格的服装款式。此外，通过国际时装周等平台，新中式服装走向国际，展示了中国文化的独特魅力。

（六）多样化与个性化

现代消费者对服装的需求趋于多样化和个性化。新中式服装设计理念注重满足这一需求，通过丰富的款式、材质和色彩选择，提供多样化的产品。例如，根据不同的场合、季节和消费者的偏好，设计出不同风格的新中式服装，如日常休闲装、商务正装、婚礼礼服等。此外，个性化定制服务也是新中式服装的重要发展方向，设计师根据消费者的具体需求，提供量身定制的设计方案。

（七）数字化与智能化

随着科技的发展，新中式服装设计也开始融入数字化和智能化的理念。通过数字化设计工具和智能制造技术，设计师能够更高效地进行设计和生产，提高产品的精确度和质量。例如，使用3D扫描技术进行量体裁衣，确保服装的完美贴合；通过智能制造，实现大规模定制化生产，满足消费者多样化的需求。此外，智能穿戴技术的应用，也为新中式服装设计带来了新的可能性，如嵌入式传感器、智能温控等功能，使服装不仅美观实用，还更具科技感。

综上所述，新中式服装的设计理念是对传统文化与现代时尚的融合创新。通过传承传统服饰的精髓，结合现代设计元素和科技手段，新中式服装在款式、材质、色彩、图案等方面进行了全方位的创新，既保持了文化的根脉，又满足了现代消费者的需求。这种设计理念不仅推动了中国服装产业的发展，也为全球时尚界提供了新的灵感和方向，展示了中国文化的独特魅力和无限可能性。

■ 二、款式设计

新中式服装的款式设计体现了对中国传统服饰文化的传承与现代时尚元素的融合。自古代深衣开始，传统中式服装以宽松和扁平的风格为主，这种风格基于人体自然姿态而设计，强调垂直方向的线性裁剪，使衣物自然下垂。传统中式服装的结构相对简单，主要通过前襟和下摆等连接处的结构线来实现，整体服装可以水平放置，解析相对直观。然而，随着现代生活方式的加快和西方文化潮流的涌入，传统中式服装的款式已经不能完全满足现代消费者的多样化需求。因此，传统中式服装在款式和制板裁剪方面逐渐融入了西方元素，形成了新中式服装的独特风格（图2-4）。

值得注意的一点是，大多数新中式服装的形制是从传统中式服装的形制上创新而来的。对中国传统元素的提取和运用，使现代设计与传统文化相得益彰。所以绝大多数的新中式服装都带有一定的传统中式服装的形制特点，这也使新中式服装有着不露表面的中式韵味，同时这也是新中式服装较为突出的风格特征。

图2-4　新中式服装制板

传统中式服装的制板多采用平面型制板方式，这种方式基于人体自然站立时双臂自然下垂、双腿微微弯曲的放松状态，强调服装的宽松和舒适性。平面型制板使得传统中式服装具有线条流畅、垂感十足的特点，通过简单的结构线来连接前襟和下摆，使衣物整体在视觉上显得简洁而大气。随着现代时尚的演变，新中式服装在制板和裁剪上逐渐引入了西方的立体裁剪理念。这种立体裁剪不仅保留了传统中式服装的宽松轮廓，还结合了西方服装的三维空间概念，使得服装在款式上更加立体和修身。典型的例子如旗袍和唐装，二者在制板上采用了西方的立体裁剪技术，同时结合了传统中式服装的面料和图案设计，强调服装的形制美和意境美（图2-5）。

图2-5　旗袍与唐装

■ 三、色彩选择

新中式服装设计在色彩选择上需要融合传统与现代审美，除了大量采用蕴含深厚文化底蕴的传统色之外，也常常使用黑白配色，呈现素净高级感。同时可选择低饱和度色彩营造优雅脱俗感，符合现代审美中对简约、内敛风格的追求。应在保留传统的基础上，以现代生活方式为基础，以消费者群体的情绪为导向，融入当下流行色，使新中式服装既具文化底蕴，又不失时尚感。新中式服装可以单独使用现代色彩，用不同的现代色彩进行设计，例如单色、拼色、同色系渐变、对比撞色等多种形式，让更多的消费者不仅仅是欣赏新中式服装，更是喜爱新中式服装、穿着新中式服装，为传统服饰注入新活力（图2-6）。

图2-6　新中式服装色彩设计案例

（一）新中式服装在色彩上的创新设计

在中国现代服装设计中，传统色彩依然持续发挥着重要影响。传统色彩在新中式服装中的运用不仅是文化传承的体现，更是对中华美学的现代诠释。红色作为中国的象征色，代表着吉祥如意，被广泛应用于服装设计中。此外，高纯度的绿色和蓝色同样属于中国传统色彩，这些色彩的搭配能够在视觉上产生强烈的冲击感。在现代服装设计中，新中式服装继承了传统色彩的高饱和度和高对比度，例如在第32届夏季奥运会中国代表队服装采用了中国红和青花瓷蓝，充分利用了色彩元素，表达了中华民族的时尚特征（图2-7）。

图 2-7 第 32 届夏季奥林匹克运动会中国代表队服装

在新中式服装的色彩设计中，设计师不仅要运用传统的配色，还需要加入更多的现代色彩元素，以使新中式服装的外观更为丰富多彩。这种融合不仅是对传统文化的尊重，更是对现代时尚潮流的回应。例如，设计师可以在传统红色的基础上，加入现代流行的中性色调或金属色，形成传统与现代的对话与交融。

（二）色彩心理学的应用

新中式服装的色彩设计不仅是视觉美感的体现，更是对色彩心理学的深入研究和应用。传统中式服装中的红色、绿色、蓝色等高纯度色彩，在新中式服装中得到了继承和发展。设计师通过色彩的巧妙搭配，营造出不同的视觉效果和心理感受。例如，在正式场合，使用庄重的单色或低饱和度的色彩，表现出稳重和优雅；在休闲场合，通过明亮的对比色，展现活力和个性。另外，不同的色彩能够引发消费者不同的情绪和心理反应。例如，红色能够激发活力和热情，蓝色则传达宁静与理性。设计师应根据不同的场合和使用需求，选择适当的色彩组合，以最大化地发挥色彩的心理效应，全方位优化消费者的穿着体验。

综上所述，新中式服装在色彩设计上的创新不仅是对传统色彩的继承与发展，更是对现代时尚元素的大胆融合。通过在设计中引入现代色彩和多样化的色彩搭配形式，新中式服装在保持文化传承的同时，满足了现代消费者对个性化和多样化的需求，提升了服装的视觉吸引力和市场竞争力。这种创新设计不仅推动了新中式服装的发展，也为全球时尚界提供了新的灵感和方向。

■ 四、特征呈现

在服装整体风格上，可以说新中式服装是建立在"中式"风格基础上的。据前人研究所述，新中式服装可被总结为传递"中国风情"的服装。这种服装不仅能够在视觉上给人们带来中国所特有的浓郁的美感，而且还植根于中国自古以来所积淀的传统文化内涵之中，其魅力来源于更深层次的文化层面，来源于中国自古以来沉淀的美学意境之中。这与仅在表面上运用中国传统元素的"中国风"服装是不同的。一个具有中国文化精神的设计形象，很可能并没有与所谓的"中国元素"产生直接的视觉对应，它与绘画一样，恰恰可以借用一些完全现代的表现形式，去传递一种内在的文化精神。可以说，优秀的新中式服装不会刻意地在表面运用过多代表中国传统文化的装饰性元素，但一定会在设计的方方面面传递出中式的质感与韵味。

新中式风格融合了传统中式风格中的优雅气质与文化内涵，并在与其的融合发展中，对传统中式元素的"形"与"意"进行了充分的吸纳。在美学特征表达上，新中式服装在传统美学的核心精神上融合了当代的审美风尚与生活方式，牢牢把握着现代人的审美追求和物质文化需要，是对传统美学的时代性阐释，能够实现传统美学与当代社会生活的完美统一融合。

（一）形式美

形式是事物的外在表达。从字面来看，"形"通常是指自然形成原则，而"式"就是人为创造法则。综合起来，形式就是由人为的创造将客观自然的形态加工成一种新的表现形式。新中式风格完美地将现代时尚与传统文化结合起来，有着形式美的显著特征。在服装形式中，新中式服装继承了自古以来的穿着文化，遵循自然的形式之美，并化复杂为简单。不强调人体曲线，而是注重人体与服装之间的和谐状态（图2-8）。

图2-8　形式美的新中式风格

（二）生态美

新中式服装在设计理念、设计表现与设计实践的方方面面都十分注重生态原则，遵循着可持续发展观，在人与服装、人与自然、自然与服装的和谐关系中展现着自然生态之美。于其他类型的服装而言，继承中式设计原则和意蕴的新中式服装更加注重自然生态法则，这类服装在设计上蕴含着自然中无尽的生态气息，并凝练至服装细节之中，由自然之美向天然之感过渡。

（三）意境美

"意境"是中国古典文艺理论中的重要范畴，通常被看作中国艺术最高的审美追求。学者蒲震元认为："意境是特定的艺术形象（符号）和它所表现的艺术情趣、艺术气氛以及它们可能触发的丰富的艺术联想的总和。"服装设计中的意境不仅是指外在物象的逼真，还在于精神的想象与建构。

在新中式服装中对于意境美的追求是服装文化内涵表达的重要部分。在东方美学流行的当下，常见的情境的营造主要在空间场合之中，通过构建场景意象，刻画场景中的情境，传递意境，打造出具有沉浸性、感染力和共情力的世界，以唤醒人们对于传统文化精神的记忆与联想，进而起到传递传统文化的作用。新中式服装与人的整体搭配所传递出的氛围，能够传递出深远的意境。在不同场合与生活场景中，服装作为将人和空间结合的重要载体，烘托氛围与意境，让整体的意境性更强，同时有着很强的故事感，表达与诉说着现代人的生活追求与态度。

例如我国的服装品牌"例外"早期对服装的空间造型、中式结构非常重视，并注重推崇中国传统文化精神作为创作的内核，直到现在品牌所宣扬的文化思想仍被国内主流市场普遍接受。该品牌是体现将服装作为文化传播的载体，宣扬文化自信，传递文化精神的优秀案例。

第二节　新中式服装的创新设计

■ 一、传统图案的提取与转化

在各类设计中，图案一直是非常重要的存在。优秀的图案设计不仅可以提高服装的艺术质量，还可以使其成为一种更强大的时尚风格，在服装中起着重要的装饰作用。优秀的新中式服装离不开图案设计。在中国传统文化中，服装图案与服装密不可分，服装中运用的植物和动物图案往往有着丰富的寓意，而图案的呈现形式可以是刺绣，也可以是现代印花或者立体造型。除了一些传统的吉祥图案外，其他具有特色的现代图案元素也可以用来制作细节丰富的新中式服装。不过，随着现代生活节奏的加快，图案的造型越发简洁化，生活中的服装图案也多以简洁为主。首先，在使用传统图案时，设计师有必要对图案进行简化设计，以适应快节奏的生活和现代人的审美。以兰花为例，它在新中式服装中不宜直接使用，而是要对其纹样进行分解、重组，以满足新中式服装的要求。其次，图案的位置、比例、尺寸和颜色组合，应该与服装的整体风格相协调。比如，如果服装色泽偏现代化，那么在进行图案设计时，其风格与颜色都必须用现代元素进行设计。图案使用的位置和面积也需与服装的风格相结合，可以点缀在服装的衣领、袖子、肩膀、腰部、口袋等位置，也可以大面积使用或者满印等，具体使用情况应该根据服装的整体风格来确定，切忌固化风格（图2-9）。

图 2-9　传统图案在新中式服装上的运用

随着国内服装设计水平的不断提高，新中式服装风格已由早期色彩富丽、雍容华贵的风格转向了当下简约、朴实、淡雅的风格，由传统图案的直接移用转向了对于内在意蕴的探索，展现出中国传统美学含蓄内敛的一面。近年来，国内涌现出越来越多的原创设计品牌，新中式服装风格呈现出百花齐放的态势，中国传统服饰文化的多元性逐渐被发掘，中国独特的植物纹样也成为热度不减的流行纹样。如蕴含文人精神的松、竹、兰纹样被越来越多的服装品牌运用到服饰设计中，其纹样形式、配色与流行趋势结合，实现了传统纹样向现代时尚的转化，使中国传统文化真正融入现代人的日常生活。需要注意的是，松、竹、兰等装饰纹样的大量出现与重复使用，容易使新中式服装趋于同质化，也会让消费者出现审美疲劳。因此，设计师应保持创新意识，不断发掘新的植物纹样题材。

二、传统面料的融入与创新

无论是什么形式的服装设计，最终成品都必须依托面料来完成，因此，面料在设计中起着非常重要的作用。通过使用不同材质的面料，设计师可以展示不同的设计，向消费者传达不同的心理感受。多种面料的选择和组合是现代设计多样化的重要表达方式，设计师可将传统面料与现代新面料相结合，创新地表达新中式服装的价值，提升消费者的穿着体验。例如，在织物撕裂、拉伸等破坏性技术的影响下，面料会为消费者带来不同的视觉体验；而在面料上运用刺绣、钉珠等工艺，则会带来华丽的视觉体验。

传统丝质面料以柔软、优雅为特点，是一种优秀的面料。因为真丝面料的材质更好，所以许多国内外设计师在设计新中式服装时主要使用真丝面料，并创造了许多独特的设计作品。同时，天然纤维等传统面料具有防虫、抑菌、舒适、保健、环保等特性，在倡导环保的今天，设计师更需要注重环境保护，因此也可以采用天然纤维面料来制作新中式服装。

中国传统服装常以丝、麻、棉、毛为原料，采用植物、矿物作为染色材料，通过经纬交织的各式组合变幻，创造出各质各色的服饰面料。棉、麻、苎、葛，因其自然质朴的特性，常作为民间百姓服饰材料；丝织物种类繁多，外观绚丽多彩，工艺水平高，在古时多为富贵人家和宫廷所用。现代技术的飞速发展下，工业化的大生产模式使纺织标准化生产得到了普及，大量由新型化纤面料制作而成的服饰用品等全面进入人们的生活，天然织物的服装在日常生活中变得少见。

在新中式服装设计中，对于面料的选择不仅流露出一种对传统服饰面料自然性的向往，同时也能表达出古人积极的生态观念。天然的棉、麻面料是品牌"例外"在设计中常用的基础面料，在其每一季服装中，基本会将棉、麻等天然植物纤维面料作为整季服装的主要材料。在"例外"品牌2024年"大观·定觉"主题的系列服装中，设计师让原材料回归自然姿态，并融入现代日常着装。丝麻类天然材料在如东方蕾丝般编织的锁链绣和盘绳绣的点睛下，塑造出如软雕塑一般的立体造型，呈现出别具一格的简约新中式女装（图2-10）。不同提花工艺将绡、缎等材料的物质发挥得更加充分，将与生俱来的

图 2-10 2024"例外"品牌服饰

浪漫、诗意、人文特性与身体衔接，自带风骨。恰如服装的剪影或记忆，从传统工艺和中国古文化中汲取精华，结合现代独立女性生活方式，相得益彰，构造新装。

第三节　新中式服装效果图绘制

服装效果图是设计师将脑海中的创意和灵感转化为具体视觉形象的过程。通过绘制效果图，设计师能够清晰地表达出自己所设计服装的构思、款式特点、色彩搭配以及面料质感等，使抽象的创意变得具体可感。随着科技的不断发展，现代新中式服装设计越来越注重技术与艺术的结合。新中式服装效果图的绘制作为设计的重要环节之一，也需要不断吸收和应用新技术、新材料和新工艺。

提高自身的效果图绘制水平是一个综合性的过程，涉及多方面的知识和技能。设计师要具备扎实的美术基础，深入学习服装知识，熟练掌握绘图工具和软件，多看多练，才能更加精准地表现出理想的服装效果。

■ 一、绘制工具与材料

新中式服装效果图可采用手绘和软件绘制两种绘制方法。手绘材料主要包括纸张、笔、颜料以及尺子等辅助工具。

（一）纸张

手绘服装效果图中最常用的纸张是水彩纸和素描纸，当然还有卡纸、复印纸、牛皮纸、拷贝纸（硫酸纸）、水粉纸等各种有色纸和特种纸（图2-11）。

1. 水彩纸

水彩纸有不同的克重与密度，吸水性与耐水性强，是手绘服装效果图时常用的纸张。水彩纸表面通常具有一定的纹理，有助于水彩颜料的附着和扩散，使色彩表现更加丰富和自然，适用于水彩、彩铅等

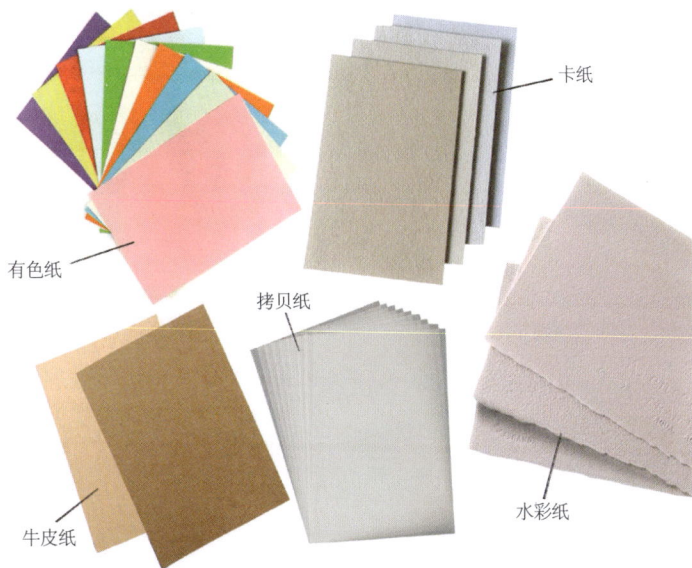

图2-11　手绘服装效果图的纸张

需要较强吸水性和色彩表现的绘画技法。在服装效果图的绘制中，使用200g以上的水彩纸，可以获得更好的绘画效果。

2. 素描纸

素描纸具有很强的耐折性，纤维拉力好，可双面使用，不易破损，非常适合用于铅笔、炭笔等硬笔的绘制，能够很好地表现出素描的质感和层次。同时，它还可以用于其他需要细致描绘和修改的绘画技法中。

3. 复印纸

复印纸同样是手绘服装效果图时常用的纸张之一，其价格实惠、用途广泛且容易获取。它能够满足铅笔、墨水笔、彩色铅笔等接近干画法的工具使用要求。

4. 拷贝纸

拷贝纸（硫酸纸）是一种透明的纸张，可用于拷贝服装动态和服装款式图，它非常轻便且易于操作，可以快速地将设计草图转化为更清晰的线条图。

（二）笔

手绘服装效果图时最常用的笔有铅笔、勾线笔、彩铅、高光笔、马克笔、色粉笔及油画棒（图2-12）。

图 2-12　手绘服装效果图的笔类工具

1. 铅笔

铅笔作为手绘服装效果图的基础笔类之一，是绘制草图、起稿的重要绘画工具。在服装效果图中，也可适当选择自动铅笔进行起稿，以便绘制出更加干净、纤细的线稿。

2. 勾线笔（针管笔）

勾线笔（针管笔）在时装画中常用于绘制精细的线条和勾勒细节。其笔尖韧性较强，出墨量均匀流畅、速干且遇水不晕开，服装效果图中最常用的颜色有黑色和棕色，较细的针管笔常用于勾勒头部五官和肢体部分，较粗的则用于勾勒衣服的细节。

3. 彩铅

彩铅一般在绘画中更适用于零基础的新人使用，其分为水溶性彩铅和油性彩铅，可根据画面效果选择不同的类型。彩铅在使用过程中通常与其他着色工具，例如水彩、马克笔等相结合，用于面部细节勾画或者一些面料的质感塑造。

4. 高光笔

在服装效果图的绘制中，高光笔常使用白色，也有金、银等颜色，用于在时装画完成后点出画面的亮部，使整个画面更加生动立体。

5. 马克笔

软头马克笔在时装画中使用较多，马克笔的特点为使用方便、速干、绘画速度快，绘制出的画面效果色彩鲜艳、叠色效果好、视觉冲击力强。

6. 色粉笔

色粉笔，西方多称为软色粉，是一种用颜料粉末制成的干粉笔。色粉笔的色彩非常鲜艳，能够绘制出丰富的色调和明暗变化，并且干而不透明，较浅的颜色可以直接覆盖在较深的颜色上，使画面具有很好的视觉效果。

7. 油画棒

油画棒作为一种油性彩色绘画工具，其超细增厚涂层材料使得涂层更有质感，这种质感使得油画棒在绘画时能够充分展现油画的效果，满足各种绘画技巧的难度需求。

（三）颜料

手绘服装效果图的颜料按覆盖力一般可分为两大类：第一类是覆盖力较弱的颜料，以水彩为主，薄而透明；第二类为覆盖力强的不透明颜料，包括水粉颜料等。在选择颜料时，应根据手绘具体需求和想要表现的材质效果进行考虑（图2-13）。

水彩颜料

水粉颜料

广告色颜料

国画颜料

图2-13　手绘服装效果图的颜料种类

（四）辅助工具

在手绘服装效果图时，除了上述的纸、笔、颜料外，还需要用到一些辅助工具，例如画板、颜料盒、调色盘、尺子、胶带、剪刀、夹子、水桶、橡皮、水彩刷等（图2-14）。

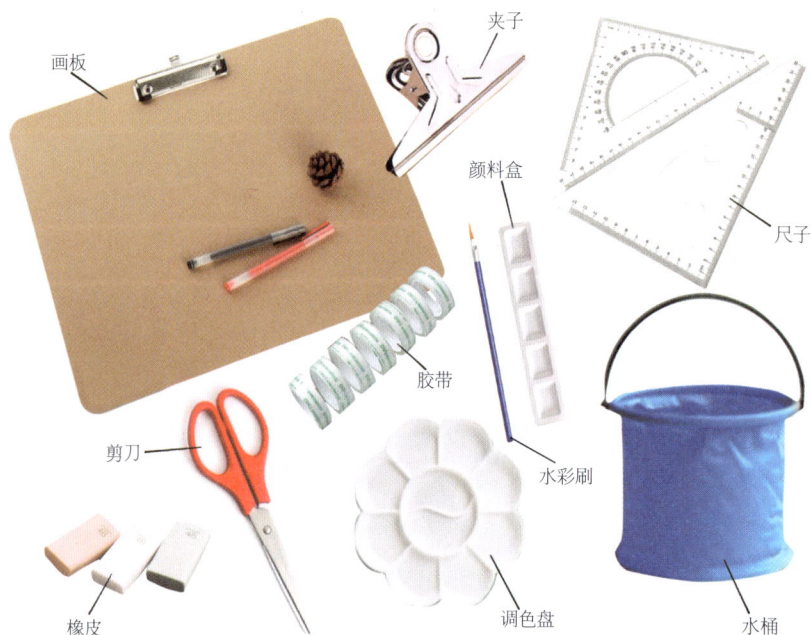

图2-14　手绘服装效果图的辅助工具

（五）绘图软件

常用于服装效果图的绘图软件包括Photoshop（PS）、Adobe Illustrator（AI）、Procreate、Midjourney、CLO 3D等（图2-15）。

图2-15　服装效果图绘制软件

1. Photoshop（PS）

Photoshop（PS）是一款位图处理软件，广泛应用于图像编辑、图形设计、广告摄影、艺术插画等领域。该软件可绘制服装效果图、人体线稿、服装面料，色彩丰富性和光影效果好（图2-16）。

2. Adobe Illustrator（AI）

Adobe Illustrator（AI）是一款矢量图处理软件，常用于绘制服装款式图，但AI的操作相对复杂，结合了PS的钢笔工具和图层等功能，适合进行复杂的图形设计。虽然AI操作复杂，但功能强大，适合对设计有较高要求的用户（图2-17）。

图 2-16　PS 软件绘图界面

图 2-17　AI 软件绘图界面

3. Procreate

Procreate相较于其他绘图软件，更加容易上手，适合零基础的新手。Procreate是一款功能强大的绘画软件，通过简易的操作系统、专业的功能集合进行素描、填色、设计等艺术创作。平板的触摸屏操作方式使得Procreate的界面更加直观易用，手势操作代替了计算机中的许多快捷键，让设计师在创作过程中更加便捷（图2-18）。

图 2-18　Procreate 软件绘图界面

4. Midjourney

Midjourney作为一款基于人工智能（AI）技术的绘图软件，提供了自动绘画功能。用户只需简单描述想要创作的作品风格、场景、特点，Midjourney就能根据描述生成一幅独特的画作或设计作品。无论是专业画家还是业余爱好者，都可以使用Midjourney进行艺术创作，其强大的辅助创作功能和丰富的绘画工具能够满足不同用户的创作需求（图2-19）。

图 2-19　Midjourney 生成的服装效果图

5. CLO 3D

CLO 3D是一款功能强大的3D服装设计软件，它以独特的优势在服装设计和制造领域得到了广泛应用。CLO 3D使用先进的三维建模技术，可以在虚拟环境中完整地呈现设计师的创意想法，设计师可以轻松地创建各种服装样式、剪裁和细节，并立即查看其在虚拟模型上的效果。该软件还能精确模拟各种面料的物理性质，如悬垂性、光泽、褶皱等，帮助设计师在虚拟环境中实现与现实相似的服装效果（图2-20）。

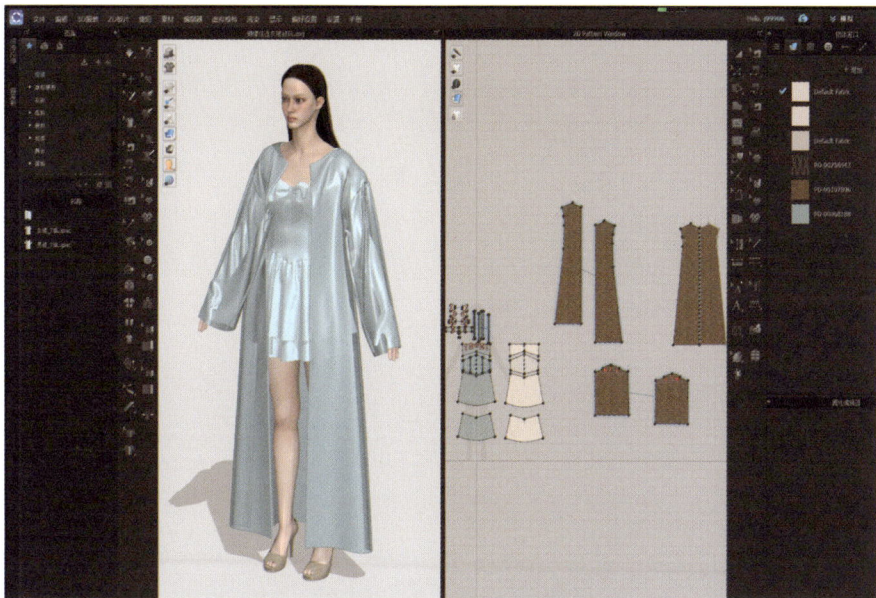

图 2-20　CLO 3D 软件绘图界面

■ 二、效果图表现技法

新中式服装效果图可以从线的技法、黑白灰技法、色彩技法这三个方面来表现。线的技法注重通过线条表现服装的不同形态和质感，黑白灰技法通过素描中的明暗关系来表现服装层次，色彩技法则更易表现服装的图案细节、质感特点。

（一）线的技法

在服装效果图绘制中，线的技法是至关重要的一环，它不仅决定了作品的视觉效果，还直接反映了设计师的创意和技巧。线是东方传统艺术造型的重要表现方法，时装画的用线同样讲究顿挫、粗细、疏密、虚实、转折等，这样的变化排列能够增加画面的层次感和动态感，使服装效果图更加生动和逼真。服装效果图的线的技法主要分为以下两种。

1. 勾线法

勾线法即运用均匀流畅、规整细致的线条来表现画面效果。在画服装效果图时，勾线同时也是一个非常重要的步骤。通过勾线可以提高画面的完成度，展现丰富的画面细节。运用勾线法时需注意提高线条的流畅性和准确性，以充分表现设计的细部结构和面料质感。勾线法适合表现质感轻薄、柔软细腻的服饰，通常使用铅笔、钢笔、针管笔等工具来表现（图2-21~图2-24）。

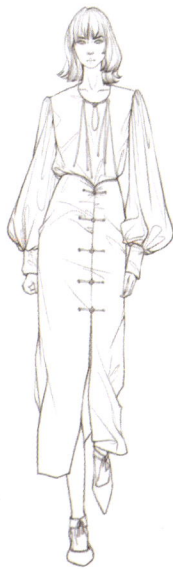

图 2-21　勾线法表现服装
效果图（一）

图 2-22　勾线法表现服
装效果图（二）（陈琳绘）

图 2-23　勾线法表现服装效果图（三）
（杨妍绘）

图 2-24　勾线法表现服装
效果图（四）

2. 速写式线描法

速写式线描法的效果生动、轻松，适合表现服装的造型和结构，以快速的动作捕捉
设计灵感。在服装效果图绘制中，速写式线描法常被用于初步构思和草图绘制阶段，也
可用于表现肌理变化丰富、质感对比强烈的服饰（图2-25～图2-27）。

图 2-25　速写式线描法表现服装
效果图（一）

图 2-26　速写式线描法表现服装
效果图（二）（刘筠清绘）

图2-27　速写式线描法表现系列服装效果图（三）（杨妍绘）

（二）黑白灰技法

黑白灰技法是一种基础且关键的技法，它利用黑白灰的色调来表现服装的质感和效果。在时装画的绘制中，黑白灰的影调是可以任意选择的，例如一部分服装效果图不需要表现立体感，因此不做阴影处理；而一部分服装效果图为了表现服装质感，则绘制出强烈的明暗关系。这种技法不仅适用于手绘服装效果图，也广泛应用于计算机绘图软件中。

在使用黑白灰技法绘制服装效果图时，首先要对人体结构有深入的理解，确保服装与人体动态相吻合。还要注意服装外形及细节的比例关系，如肩宽与衣身长度的比例、领口和肩宽的比例等。另外，要注意光线来源和明暗的整体关系，通过黑白灰的层次来表现服装的立体感和质感（图2-28、图2-29）。

图 2-28　黑白灰技法表现新中式
服装效果图（一）（孟丽绘）

图 2-29　黑白灰技法表现
新中式服装效果图（二）

（三）色彩技法

薄画法和厚画法是彩色时装画的两种基本色彩技法，它们各自具有独特的特点和适用范围（表2-1）。在选择使用时，应根据所要表现的面料质感和设计需求来灵活选择和应用。

表2-1　薄画法和厚画法对比

项目	薄画法	厚画法
特点	透明轻盈，色彩层次丰富，用笔技巧要求高	色彩厚重，笔触明显，覆盖力强
适用面料	轻盈、柔软或薄透的面料，如丝绸、薄纱等	粗犷、厚重的面料，如牛仔、皮革、针织、呢绒等
效果呈现	生动、立体，适合表现细腻质感	厚重、饱满，适合表现粗犷质感

1. 薄画法

薄画法中，水彩画表现最为常见，在纸面上呈现出轻盈、透明的效果。这种技法能够很好地模拟出丝绸、薄纱等轻薄面料的质感。通过多次叠加淡彩，可以形成丰富的色彩层次，使画面更加生动、立体（图2-30、图2-31）。在软件绘制的服装效果图中，薄画法表

步骤一　　　　步骤二　　　　步骤三　　　　步骤四

图2-30　水彩服装效果图薄画法绘制过程（一）（李慧慧绘）

步骤一　　　　步骤二　　　　步骤三　　　　步骤四

图2-31　水彩服装效果图薄画法绘制过程（二）（李慧慧绘）

现出较为平面、层次
感较弱、笔触柔和、
纹理细腻等特点。

2. 厚画法

厚画法使用较浓
的颜料，色彩覆盖力
强，呈现出厚重、饱满的效果。通常以水
粉、油画棒等颜料为主，这种技法适合表
现粗犷、厚重的面料质感，如牛仔、皮革、
呢绒、针织等。厚画法中的笔触往往较为明
显，可以通过不同的笔触和肌理效果来表现
面料的纹理感。因其色彩覆盖力强，所以可
在已完成的色彩层上进行覆盖和调整，增加
画面的层次感和立体感。在软件绘制的服装
效果图中，厚涂绘画则表现为立体感强、层
次感较强、质感好等特点（图2-32）。

■ 三、效果图绘制案例

本部分从不同的绘制方法出发，分类
展示新中式服装效果图的绘制实例。从基
础技巧到高级表现手法，解析新中式服装
效果图背后的绘制过程及设计理念，分享
实用的技巧与方法，帮助读者提升自己的
服装效果图绘制能力。

图2-32　新中式服装厚画法绘制效果图
（蒋晓敏绘，造型参考：启兰）

（一）水彩效果图绘制

水彩服装效果图结合了水彩画的艺术特性和服装设计的实用性，其色彩变化丰富、自
然、灵秀。水彩服装效果图通过运用水彩颜料的透明性，表现出服装色彩的微妙变化和层次
感。其表现技法多样，如平涂、晕染、渲染等，这些技法能够充分展现不同面料的质感和服
装的立体效果。同时，水彩画的"留白"技法也为服装设计效果图增添了独特的艺术魅力。

水彩服装效果图的风格多样，既有写实风格的细腻描绘，也有抽象风格的自由挥
洒。设计师可以根据自己的设计理念和审美偏好选择合适的风格进行表现。例如，对于
追求自然、清新风格的服装设计师来说，水彩画能够很好地表现出服装的轻盈和飘逸
感；而对于追求艺术感和创新性的设计师来说，水彩画则提供了更多的发挥空间。

水彩新中式服装手绘过程见图2-33。

步骤一：使用铅笔绘制线稿，线稿轻盈，避免后期水彩不能覆盖，同时还要注意纱
料织物的层叠关系。

步骤二：用水彩平涂法薄铺一层底色，注意色彩的浓淡变化，控制水量，使颜色过
渡自然，增强画面灵动感。

步骤三：待画面干燥时添加暗面影调，加强层次，充分表现服装面料的质感，上色

时切勿反复涂抹。

步骤四：多次叠加色彩，深入勾画外轮廓与层次细节，注意疏密节奏，同时刻画装饰纹样图案。

步骤一　　　　　步骤二　　　　　步骤三　　　　　步骤四

图 2-33　水彩新中式服装手绘过程（蒋晓敏绘）

（二）马克笔效果图绘制

马克笔作为一种书写或绘画专用的彩色笔，其颜料具有易挥发性，使用其绘图能够使得绘画过程快速且便捷，非常适合设计师在创作初期快速表达设计构思。常见的马克笔服装效果图有写实风、抽象风和扁平化风。在使用马克笔进行服装效果图创作时，可以结合使用其他绘画工具，如彩铅、水彩等，以弥补马克笔在某些方面的不足，提升整体绘画效果。

新中式服装马克笔
手绘过程视频解析

马克笔新中式服装手绘过程见图2-34和图2-35。

步骤一　　　　　步骤二　　　　　步骤三　　　　　步骤四

图 2-34　马克笔新中式服装手绘过程（一）（蒋晓敏绘，造型参考：M Essential）

图2-35　马克笔新中式服装手绘过程（二）（蒋晓敏绘，造型参考：阿玛尼）

在使用马克笔绘制新中式服装效果图时，建议采用软头马克笔。软头马克笔色彩过渡更加自然，能够轻松实现颜色的渐变和混色效果。需要准备的工具包括马克笔、铅笔、橡皮、针管笔、高光笔、尺子、专用纸张等。

步骤一：起形及勾线。使用铅笔轻轻绘制出人体的基本动态和比例，在人体基础上，用铅笔勾勒出服装的大致轮廓。用针管笔（棕色较为常见）勾勒出面部的五官、头发、手脚以及服装的细节，如褶皱、花边等。注意线条的流畅和粗细变化，以表现出服装的质感和立体感。

步骤二：铺底色。使用浅色马克笔，通常为服装亮部最浅处的颜色，为服装和皮肤铺上一层均匀的底色，注意控制笔触的均匀性和颜色的饱和度。

步骤三：色彩叠加。根据服装的材质和颜色，使用不同颜色和型号的马克笔进行细节上色。对于质地较硬的材质，如毛料、皮革等，可以采用硬笔触和直线条进行表现；对于质地较柔软的材质，如丝绸、棉麻等，可以采用软笔触和曲线条进行表现。注意在叠加颜色时，笔触需顺着服装结构走向进行绘制，可以使用渐变法、叠色法或接色法等技法。

步骤四：细节修饰。对服装的细节部分进行进一步的修饰和完善，如添加纹理、图案等元素，使画面更加生动。使用高光笔在服装的亮面和反光部位添加高光效果，增强服装的立体感和光泽度。

（三）彩铅效果图绘制

彩铅作为一种绘画工具，凭借其丰富的色彩层次和表现力受到许多艺术家的喜爱。其独特之处在于，彩铅的笔触可以根据绘画者施加的力度和绘画角度的变化而表现出不同的效果。这种灵活性使得设计师在绘制服装效果图时，能够轻松地表现出服装的质感、纹理和细节，从而使作品更加生动和真实。此外，彩铅的多样性还增强了画面的艺术表现力，为创作增添了更多的可能性。与水彩、油画等其他绘画工具相比，彩铅的一个显著优点在于其易于修改和调整的特性。设计师可以随时对某个部分进行更改，而不会对整体效果造成太大的影响。这一点在创作过程中尤为重要，因为设计师可以根据需要不断调整、完善自己的作品。部分彩铅，如水溶性彩铅，甚至能够通过加水进行渲染，达到类似水彩颜料的透明效果，进一步丰富了表现手法。彩铅新中式服装手绘过程如图2-36所示。

| 步骤一 | 步骤二 | 步骤三 | 步骤四 |

图 2-36　彩铅新中式服装手绘过程（蒋晓敏绘，造型参考：M ESSENTIAL NOIR）

在使用彩铅绘制服装效果图时，通常可以遵循以下几个步骤。

步骤一：使用铅笔勾勒出人体的轮廓和服装的大致形状。在这一过程中，设计师需要特别注意人体的比例和动态姿势的准确性，以确保整体造型的自然和协调。在铅笔稿的基础上，使用浅色的彩铅进行勾线，明确人体轮廓和服装的线条。这一阶段有助于让后续的上色过程更加清晰，使各个部分之间的关系更加明确。

步骤二：重点为五官和皮肤着色，使用与肤色相近的彩铅进行细致描绘。这一步骤不仅要关注颜色的自然过渡，还要注意光影的变化，以增强人物的立体感。

步骤三：根据服装的颜色和质感，选择合适的彩铅进行着色。设计师可以选择从局部入手，逐步增加颜色的层次感；也可以选择从整体入手，通过层层叠加的方式进行上色。这种方式有助于在色彩的深浅和饱和度上形成丰富的变化，使服装的质感更加突出。使用高光笔或白色彩铅在需要提亮的部分进行点缀，同时在阴影部分加深色彩，可以增强服装的立体感。这一步骤可以极大地提升作品的视觉效果，使服装的设计更加引人注目。

（四）软件效果图绘制

随着现代技术的快速发展，越来越多的人开始依赖计算机软件来进行效果图的绘制。这些软件不仅提供了丰富多样的笔刷库和绘图工具，还几乎涵盖了服装设计效果图及款式图绘制的所有功能，极大地提升了设计的效率和质量。其用户界面通常设计得简洁直观，非常容易上手。这使得设计师能够在较短的时间内熟悉操作流程，从而高效地完成绘图任务，充分表达他们的创意和设计理念。

然而，尽管这些软件功能强大，但使用它们进行服装效果图的绘制仍然要求绘画者具备一定的基础技能和并能熟练操作软件。只有这样，设计师才能够高效、精准地利用这些工具进行创作，真实地展现出他们的设计构思和艺术风格。基础技能包含对色彩搭配、构图，以及服装细节的理解，熟练操作软件包括对各种绘图工具的灵活运用、图层管理，以及后期效果的调整等。

如今，许多设计师在参与设计竞赛时，尤其是在需要提交系列服装效果图的情况下，更多地选择使用计算机软件进行绘制。这是因为使用软件不仅能够提高绘图的速度，还能在设计中进行更为精细的调整和修改，帮助设计师在竞争中脱颖而出。通过软件，设计师可以轻松尝试不同的色彩和款式，快速生成多种设计方案，进而选择最合适的作品进行展示。

1. 新中式服装效果图案例

新中式服装的效果图及部分案例的成衣、服装分析见图2-37～图2-48。

图 2-37　案例一服装效果图（李晓宇绘）

图 2-38　案例一成衣展示

图 2-39　案例二服装效果图（杨敏绘）

设计说明：根据大赛主题"江南风韵·'衣'路芳华"设计了本系列作品，题为《江南百景图》。江南自古都是富饶文化的代名词，小桥流水人家更是令人神往的江南景。服装面料以棉麻为主，绿色环保舒适。服装结合当下流行趋势，将一些中国古代汉服造型，以及当下流行的解构和西装融入这一系列中，颠覆传统的正装以及女性形象。服装颜色紧扣主题，以水绿色为主，一派江南景致，朦胧秀美。

设计灵感：天上淅淅沥沥地下着雨，景色朦朦胧胧，走过小桥的女子撑着一把小小的油纸伞，慢慢地走进了人家。这是我印象中的江南水乡和江南女子。

设计构思：本系列主题围绕江南以及江南景色进行，颜色、图案都围绕此进行，营造出江南的秀丽、温婉，将女装形象置于此次设计中，服装大方简约，时尚而又不失传统，给予穿着者全新的体验。

风格：　　该系列成衣作品，添加了具有设计感的细节，将江南景色通过颜色、图案等各个角度呈现在服装上。

流行要素：根据当下的流行趋势以及"环保"设计理念，面料上大部分选择了可降解可循环的棉麻面料，给穿着者原生态的舒适体验；在廓形上结合国风汉服以及当下流行的大廓形西装趋势进行创新设计，呈现出别致的设计效果。

图 2-40　案例二服装设计说明（杨敏绘）

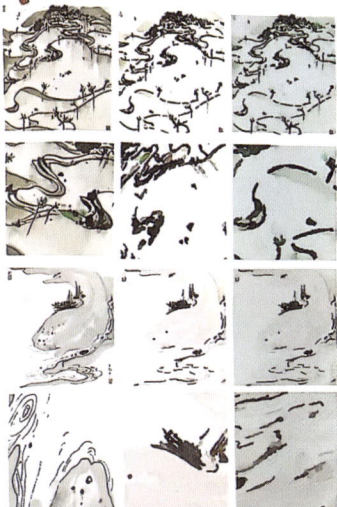

本系列图案将吴冠中先生笔下的江南图案进行再设计,形成抽象的水墨画效果,营造出江南景色朦胧、秀美的意境。

进行了8次服装试色,最后选取了浅绿色,加以渐变效果。

图 2-41　案例二服装图案与试色（杨敏绘）

结合流行趋势,服装廓形较宽松,使用了大襟、右衽、拼接等设计。

图 2-42　案例二服装廓形（杨敏绘）

设计说明：

右衽的衣襟设计为穿着者带来穿越时空的传统之美，衣摆以及侧缝所添加的欧根纱设计是能带来一种就犹如昆曲半遮的朦胧美感。

整套设计让穿着者置身于浓墨淡彩的江南水墨画中。

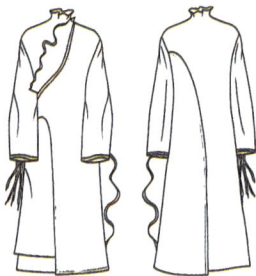

提拍的欧根纱配上棉麻面料，传统而又不失时尚感。

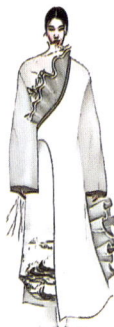

LOOK 3

设计说明：

欧根纱配上具有丝绒亲染面料，增添设计感。

上衣流浪形状的袖型以及下摆设计参考了江南多水乡的特点，色形由浓转淡说如泰淮河上还身披起连游一般。

下身在裙的侧缝处拼接了四分之一的圆形布料形成自然下垂的褶皱，为简单的裙装增添一丝独特的设计感。不断变幻的褶皱添加上水墨效果，就犹如真正的湖面连起波游。

设计说明：

交领右衽、以绳带扎结取代扣于下摆的编织结构如同水中漂浮着的水草轻轻自由。

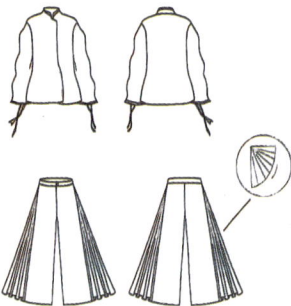

选用棉麻材质，宽松舒适、柔软朴素。

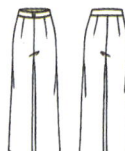

LOOK 5

LOOK 4

图 2-43 案例二服装结构图与面料说明（一）（杨敏绘）

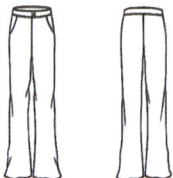

设计说明：

H型的大廓形西装为穿着者增添了一丝随意和洒脱，谢宽的水墨图案与现代设计相结合，碰撞出新的色彩与风格。

下身喇叭裤的设计能够更好地修饰腿部线条。

选用斜纹西装面料，制作出具有高级感的西装效果。

设计说明：

立领、两片袖的宽松袖型以及收腰的廓形设计是能体现女性的身材曲线，再加上浓线适宜的水墨刺绣面料，正式却又充满艺术气息。

百褶裙的设计又为穿着者增添了一丝活泼与俏皮。

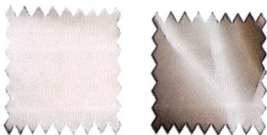

加厚亮丝缎面搭配棉面料，高级舒适实穿。

LOOK 2

LOOK 1

图 2-44 案例二服装结构图与面料说明（二）（杨敏绘）

图 2-45　案例三服装效果图（李慧慧绘）

图 2-46　案例四服装效果图（程钰绘）

图2-47　案例五服装效果图（杨敏绘）

2. 新中式服装效果图的软件绘制步骤

通过CLO 3D进行新中式服装的设计和打板，不仅能够显著减少不必要的实物样衣制作，还能有效降低材料和制作成本。CLO 3D的实时交互性和多功能性使得设计师能够快速而高效地完成设计和打板工作，从而提升整体设计效率。这种虚拟设计环境的优势在于，设计师可以在短时间内进行多次试验和调整，确保每一个细节都符合预期。

CLO 3D的虚拟试衣功能使得审板过程更加便捷和高效。设计师可以轻松地在虚拟模特身上查看服装的穿着效果，无须依赖传统的实物样衣。这一过程不仅节省了时间，还能在设计的早期阶段就发现潜在的问题，从而进行必要的调整和优化。

图2-48　案例六服装效果图（蒋晓敏绘）

CLO 3D的另一个显著特点是其能够模拟出高度逼真的新中式服装效果。无论是面料的质感、纹理，还是缝制的细节，都能在虚拟环境中得到精确还原。这种真实感能够让设计师在设计过程中预览接近实物的服装效果，从而更好地把握设计的方向和细节。

使用CLO 3D绘制服装效果图的过程可以分为五个关键步骤。

步骤一：设计师需要明确新中式服装的设计风格和主题。这一阶段包括收集相关的素材和资料，如面料样本、色彩搭配方案以及历史文化背景等。这些信息将为后续的设计提供灵感和依据。

步骤二：在CLO 3D中创建新的设计项目后，设计师可以根据先前确定的设计风格和主题进行初步的设计。在这一过程中，设计师可以利用软件的多种工具和功能，灵活地进行造型设计、颜色选择以及细节处理，确保设计理念的准确表达。

步骤三：设计初步完成后，便可以利用CLO 3D的打板功能进行纸样打板。在这一阶段，设计师可以精确地制作出服装的纸样，确保每个剪裁和拼接都符合设计要求。这一功能不仅提高了打板的精准度，也为后续的生产提供了可靠的基础（如图2-49）。

图2-49　案例七服装纸样打板（蒋晓敏绘）

步骤四：设计师使用CLO 3D的虚拟试衣功能进行试衣审板。在虚拟模特身上，设计师可以全面查看服装的穿着效果，观察服装在不同姿势和动作下的表现。同时，设计师可以即时进行必要的调整和优化，以确保服装的合身度和舒适度。

步骤五：在CLO 3D中，设计师可以模拟所选面料的质感、纹理和颜色，并进行印花稿、绣花稿的设计定位。这一过程不仅帮助设计师更直观地理解面料在成衣中的表现，还能为后续的生产提供详尽的视觉参考（如图2-50～图2-52）。通过这种方式，设计师能够在虚拟环境中全面展现新中式服装的设计魅力，最终实现高质量的服装设计和生产。

步骤一　　　　　　　步骤二　　　　　　　步骤三　　　　　　　步骤四

图2-50　案例七效果图绘制过程（蒋晓敏绘）

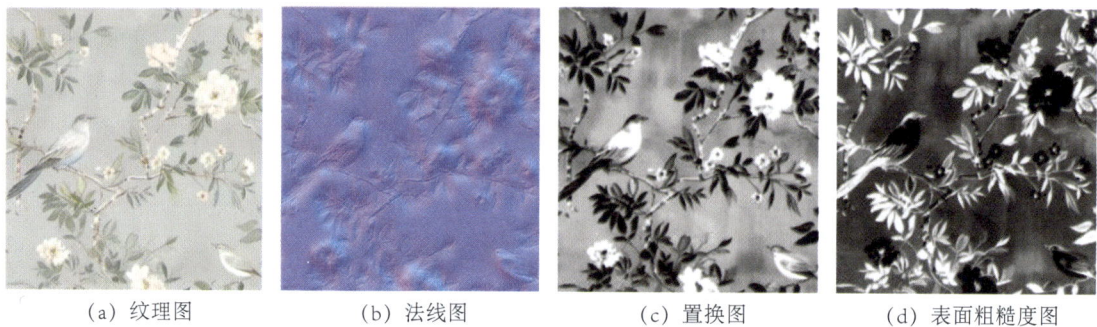

（a）纹理图　　　　（b）法线图　　　　（c）置换图　　　（d）表面粗糙度图

图2-51　案例七上衣外套面料类型图

（a）纹理图　　　　（b）法线图　　　　（c）置换图　　　（d）表面粗糙度图

图2-52　案例七裙装面料类型图

第三章

新中式服装制板及实例

板即样板，就是为制作服装而制定的结构平面图，俗称服装纸样。广义上是指为制作服装而剪裁好的各种结构设计纸样。样板又分为净样板和毛样板，净样板就是不包括缝份的样板，毛样板是包括缝份、缩水等在内的服装样板。服装工业制板是服装生产企业中至关重要、必不可少的技术性生产环节，决定着是否能将服装设计顺利实现。服装工业制板是服装结构设计的配套课程，工业样板的设计实际上是服装结构设计的继续和提高，又是服装结构设计的实际应用。因此，掌握服装工业样板的制作设计需要有过硬的服装结构设计知识。

本章以新中式服装制板实例为主，详细解析多款新中式服装，包括连衣裙、外套、裤装、旗袍的设计特点、制板过程、缝纫制作等内容。通过具体的数据和图片，展示新中式服装的独特魅力。

第一节　新中式连衣裙制板及实例

本节针对新中式连衣裙款式，从设计风格、造型结构特点方面详细分析新中式连衣裙的款式特点，基于新中式连衣裙的理论基础，绘制其结构版型案例，并选取其中的部分进行缝纫。

新中式连衣裙作为中国女装的代表之一，在其设计及制板过程中，应结合当下较流行的时尚元素来进行制板，才能有较好的合身性，满足现代女性的审美需求。由于连衣裙具有多样化的衣身款式，所以新中式连衣裙的制板更要突破传统的衣身设计，采用现代的高低起伏的分割线和褶裥等手法，赋予其现代潮流感。

■ 一、新中式连衣裙款式特点分析

本部分深入分析新中式连衣裙的款式特点，从设计风格、造型结构、面料特点、服装搭配，全方位展现新中式连衣裙独特的艺术魅力与文化内涵。新中式连衣裙在保留传统旗袍款式等中式服装元素的基础上，融入了现代时尚设计理念，这种融合不仅体现在款式、剪裁上，还深入到图案、色彩以及细节装饰等多个方面。

（一）设计风格

新中式连衣裙仍然保留传统旗袍、连衣裙等部分款式特点。连衣裙以中长款为主，通常保留立领或复古盘扣设计，增添泡泡袖、A字裙摆、褶裥等现代化服饰结构元素，在设计上通常大量运用新中式提花、薄纱、扎染、花朵扣等，面料花纹图案随机排列，复古工艺使得新中式连衣裙整体更挺括有型。总体来说，新中式连衣裙在现代化的发展过程中，融合了少女情怀的梦幻与浪漫，服饰整体低调且富有诗意，通勤、度假都能适用。

新中式复古蕾丝连衣裙中，蕾丝元素被广泛应用于裙摆、领口、袖口等部位，增加了连衣裙的浪漫和优雅氛围。设计师常通过刺绣、图案等方式来表达民族文化和传统文化的元素，这些元素在连衣裙的细节处理中得到了充分的体现。新中式连衣裙在细节处理上非常注重文化积淀，无论是款式的剪裁还是版型的设计，都融入了传统文化的知识和经验（图3-1）。

图 3-1　某品牌 2024 春夏秀场连衣裙

新中式旗袍作为新中式连衣裙的经典款式之一，在设计上追求简约大方的风格，舍弃了传统旗袍过于烦琐的装饰，取而代之的是简洁的线条和流畅的剪裁，使旗袍更加符合现代人的审美需求。新中式旗袍保留了传统旗袍的经典元素，如立领、修身剪裁等，这些元素不仅展现了传统服饰的独特魅力，也使得新中式旗袍具有浓厚的历史文化底蕴。同时，新中式旗袍在设计上注重时尚和个性，通过融入现代元素，如流行的图案、色彩搭配和面料选择，使旗袍更加时尚化、年轻化（图3-2）。

图 3-2　某品牌 2024 秋冬秀场新中式旗袍

（二）造型结构

与传统连衣裙的宽松剪裁不同，新中式连衣裙更注重展现女性的身材曲线，因此剪裁上常采用修身设计，更加贴合身体，能够突出女性的腰部线条和臀部的曲线美。新中式连衣裙在服装部分处理上，也会融入更多现代化的款式，例如大廓形鱼尾裙摆、宽肩、落肩、蓬蓬裙、拖地裙摆等。另外在裙摆的设计上，新中式连衣裙常采用不规则的不对称设计以及使用流苏、褶边等元素，增加连衣裙的个性化和时尚感（图3-3）。

图3-3　某品牌新中式连衣裙

新中式旗袍的款式多样，包括长款、短款、开衩款等，满足了不同女性的穿着需求。新中式旗袍保留了传统旗袍的立领设计，展现了旗袍的优雅气质。部分新中式旗袍采用斜裁剪法，使旗袍在视觉上更具动态美感。部分旗袍还可能在袖口、下摆等部位加入盘扣或其他装饰元素，增加旗袍的层次感和时尚感（图3-4）。

图3-4　新中式旗袍系绳元素设计

新中式旗袍常用的造型结构包括以下几种。

1. 中式立领

在传统的立领上加入更多的设计点，通过加高立领、双层立领、斜口领型、刺绣工艺等多种结构设计形式体现新意，并融入更加多样的现代的装饰手法（图3-5），使立领在保留其韵味的同时，增加领部的宽松度，更满足现代人不爱拘束的需求。

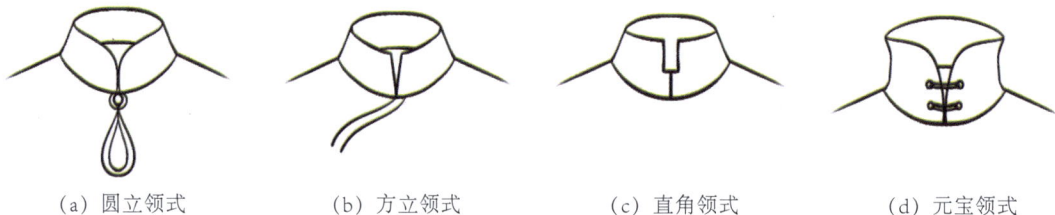

（a）圆立领式　　　　（b）方立领式　　　　（c）直角领式　　　　（d）元宝领式

图3-5　中式旗袍立领

2. 多层云肩

云肩的设计以多层次装饰展现，通过有弧度的钉珠装饰强调云肩的层次感，传统纹样的色彩呈多层次变化，在边缘处缀以珍珠流苏作装饰。整个造型独具特色，多层云肩设计可成为整件旗袍的亮点。

3. 新式斜襟

通过圆弧边缘剪裁和使用纽扣装饰而体现新意，不同弧度塑造的特色开襟加上超细纽扣的密集排列，使斜襟的效果更加突出。不对称的视觉效果通过细节处的设计平衡，同时剪裁的镂空细节使款式更具新意（图3-6）。

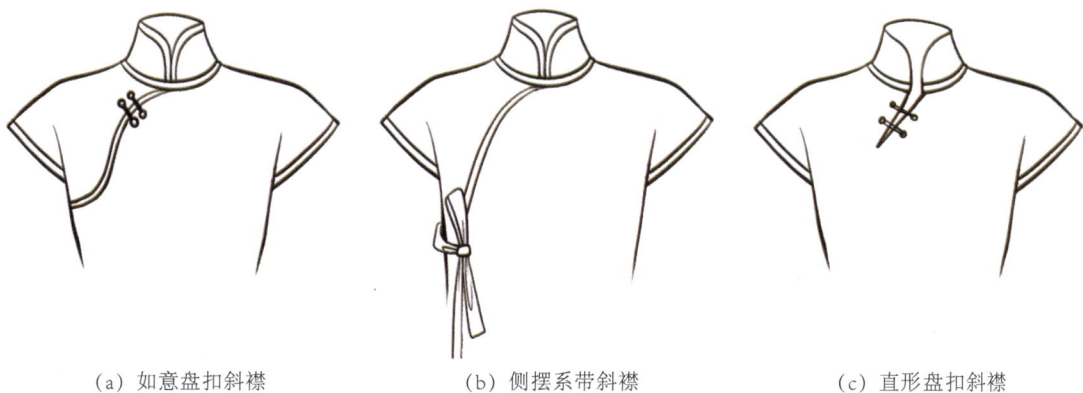

(a) 如意盘扣斜襟　　　　　　　(b) 侧摆系带斜襟　　　　　　　(c) 直形盘扣斜襟

图 3-6　旗袍斜襟

4. 纤柔露背

背部镂空是现代中式礼服的元素之一。后颈与肩胛骨等镂空部位充满空气感，很好地展现出东方女性的纤柔和精致的骨感美。除了在结构线上做装饰，在镂空处配以垂悬感较好的流苏也是很好的选择（图3-7）。

5. 层叠宝塔袖

用旗袍同色的锦缎在袖部制作精致层叠宝塔袖，像宝塔的塔盖一样层层叠加，通过排列达到疏密有致、聚焦视线的效果。可结合刺绣工艺打造更为丰富、精致、有仙气的中式旗袍，吸引不同需求的消费者（图3-8）。

图 3-7　新中式旗袍背部镂空设计

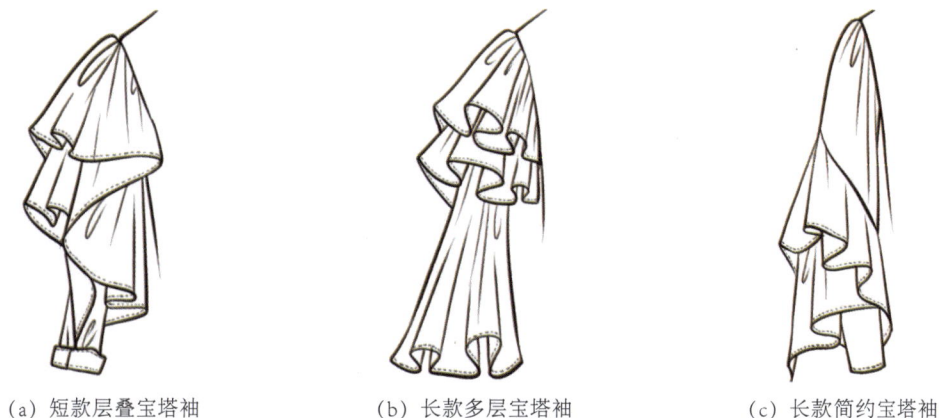

(a) 短款层叠宝塔袖　　　　　　(b) 长款多层宝塔袖　　　　　　(c) 长款简约宝塔袖

图 3-8　层叠宝塔袖

6. 灯笼袖

在现代中式礼服设计中，袖部设计是一个重要的设计点。通过用立体造型和手工装饰制作精致的袖部，实现了聚焦视线的效果。还可结合珍珠流苏和刺绣等工艺打造更为丰富、优雅、有仙气的礼服，使旗袍礼服也具有少女感（图3-9）。

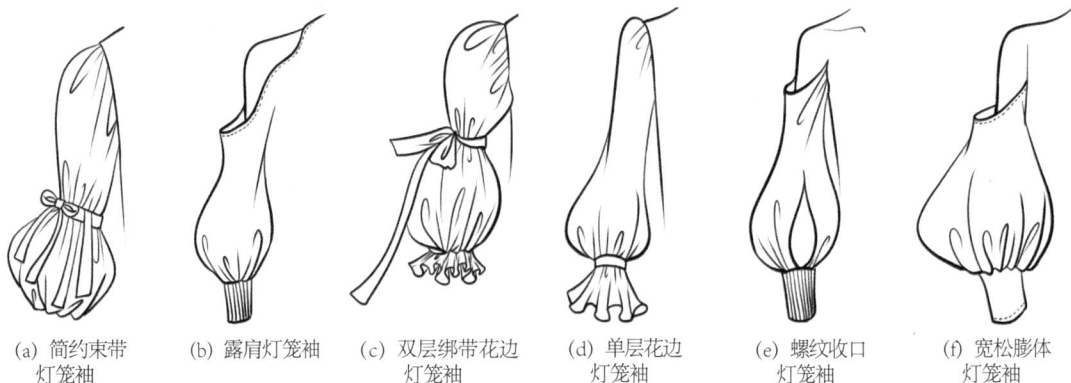

(a) 简约束带灯笼袖　(b) 露肩灯笼袖　(c) 双层绑带花边灯笼袖　(d) 单层花边灯笼袖　(e) 螺纹收口灯笼袖　(f) 宽松膨体灯笼袖

图 3-9　灯笼袖

7. 花式封腰

腰部的装饰也可以通过不同的材质和造型来诠释。织锦提花的腰带具有更加浓烈的中式气息，独特的收腰效果使款式瞬间出彩，传统工艺点缀的腰部装饰能起到画龙点睛的作用（图3-10）。

8. 手工盘扣

盘扣是中式服装的典型元素之一。现代服饰设计中，盘扣的运用更加多元化，可搭配低调的廓形以及面料。同时，盘扣的材质以及大小、色彩、形状更加丰富多样，使盘扣在运用时更加引人注目，常成为礼服设计中的亮点（图3-11）。

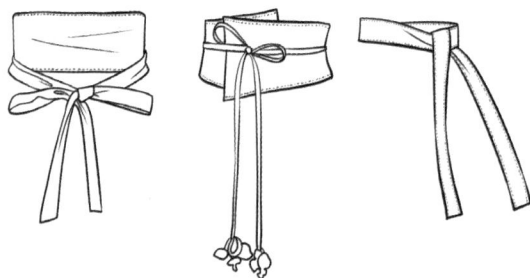

(a) 蝴蝶结封腰　(b) 垂坠花式封腰　(c) 交叉飘带封腰

图 3-10　新中式花式封腰

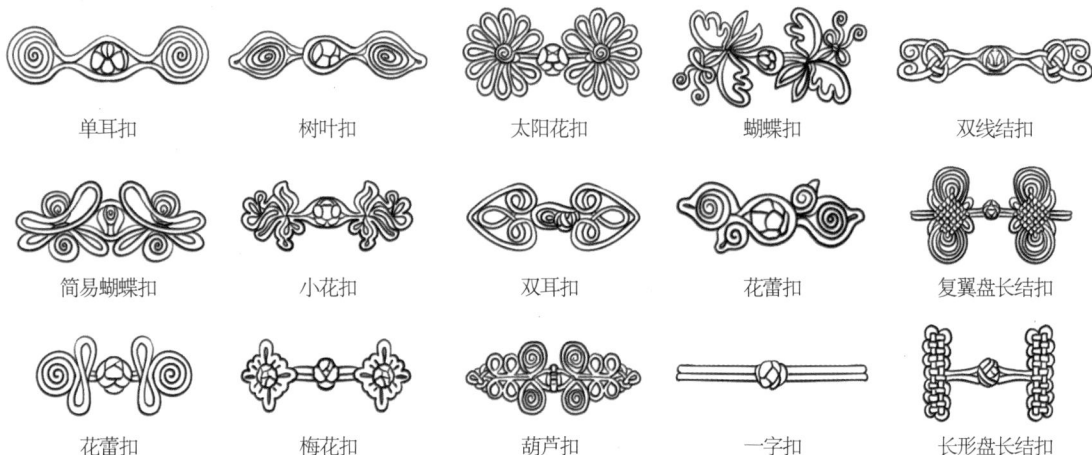

单耳扣　树叶扣　太阳花扣　蝴蝶扣　双线结扣

简易蝴蝶扣　小花扣　双耳扣　花蕾扣　复翼盘长结扣

花蕾扣　梅花扣　葫芦扣　一字扣　长形盘长结扣

蜜蜂扣	琵琶扣	三耳扣	双耳结扣	盘长结扣
柳叶扣	燕子扣	石榴花扣	仙鹤结扣	十全扣
春燕扣	丰收扣	如意扣	双耳吉祥结扣	双龙结扣
荔枝扣	秋菊扣	雪花扣	反琵琶扣	十字结扣
福禄扣	六福扣	鸿雁扣	橄榄扣	盘龙结扣
清风扣	桐花扣	水仙扣	双联结扣	锦花结扣
枫叶扣	绿叶扣	郁金香扣	五福结扣	莲花扣

图3-11　花式盘扣

（三）面料特点

制作新中式连衣裙较为常用的面料是真丝面料、棉麻面料、香云纱、涤纶混纺面料、天丝面料、锦丝绉、花罗和全罗面料等，它们各自具有不同的优缺点和特色，在应用中，需要根据实际需求进行选择。当然，随着现代审美的变化，越来越多的新型面料出现在市场，许多品牌也逐渐开始尝试将其他特色面料运用在新中式连衣裙中，例如牛仔面料、针织面料、珠片面料等，为新中式服装的发展提供了更多参考。

1. 真丝面料

真丝面料光泽柔和，触感细腻，柔软舒适，透气性好，吸湿性强，能够很好地适应不同气候和环境。将真丝面料运用在新中式连衣裙中，使穿着更显舒适，能够展现女性的优雅气质。但真丝面料保养要求较高，需要避免日晒和高温熨烫，否则容易泛黄、褪色和老化（图3-12）。

2. 棉麻面料

棉麻面料质感温润舒适，透气性好，吸湿性强，适合夏季穿着。但棉麻面料容易起皱，需要熨烫才能保持平整（图3-13）。

图 3-12　真丝面料新中式连衣裙　　　　图 3-13　棉麻面料新中式连衣裙

3. 香云纱

香云纱是真丝面料的一种特殊处理形式，具有独特的龟裂纹理和光泽。它保留了真丝的舒适性和光泽感，同时增强了面料的挺括性和抗皱性，适合夏季穿着，具有凉爽的触感。但价格相对较高，制作工艺复杂。

4. 涤纶混纺面料

涤纶混纺面料由涤纶与其他天然纤维（如棉、麻、天丝等）混纺制成，具有挺括、立体的廓形和耐磨、抗皱的实用性能。它易于打理，适合日常穿着，但透气性相对较差，不如纯天然面料舒适。

5. 花罗与全罗面料

花罗面料通常采用优质蚕丝或涤纶长丝为原料，通过丝织提花工艺制成，图案精致细腻，富有层次感。全罗面料以棉或麻为主要原料，通过罗纹组织织造而成，质地轻盈、透气性好。

6. 非常规面料

随着科技的发展，一些新型面料也被广泛应用于新中式连衣裙的设计中，如科技混纺面料等。这些新型面料往往结合了多种材质的优点，具有更好的性能表现。同时许多设计品牌也推出了非常规面料的新中式连衣裙（图3-14）。

（四）适用场合与搭配

新中式连衣裙由于其部分款式类似礼服的特性，既适合

图 3-14　珠片、牛仔面料新中式连衣裙（品牌：肯逊）

日常穿着，同时也适合一些正式场合。其简约而不失典雅的设计使得穿着者能够在不同场合中展现出不同的风格和魅力。日常生活中，新中式连衣裙可以搭配各种鞋子和配饰，如高跟鞋、平底鞋、手包等。通过不同的搭配方式，可以展现出多样化的风格和效果。

新中式连衣裙的色彩往往比较丰富多样，因此在穿搭时需要注意色彩的搭配原则。可以选择同色系或相近色系的服饰和配饰进行搭配，营造出和谐统一的视觉效果；也可以选择对比色或互补色进行搭配，增加整体造型的层次感和视觉冲击力。

二、新中式连衣裙制板步骤详解

（一）款式特点

1. 新中式连衣裙款式一
领口为旗袍立领，装饰盘扣，腰侧拼接裙片，裙背腰后中心装隐形拉链（图3-15）。

2. 新中式连衣裙款式二
圆立领式，前中心领有盘扣；领圈褶皱设计；衣身为喇叭形宽松直筒袍裙，无袖；增加腰带（图3-16）。

图3-15　新中式连衣裙款式一

图3-16　新中式连衣裙款式二

（二）成品规格尺寸

1. 新中式连衣裙款式一
新中式连衣裙款式一的成品尺寸见表3-1。

表3-1　新中式连衣裙款式一的成品尺寸（165/84A）

单位：cm

部位	胸围B	腰围W	肩宽S	裙长	领围N	领宽
尺寸	84	72	47	131	38	3.5

2. 新中式连衣裙款式二

新中式连衣裙款式二的成品尺寸见表3-2。

表3-2　新中式连衣裙款式二的成品尺寸（165/84A）

单位：cm

部位	胸围B	腰围W	臀围H	肩宽S	衣长L	领围N	领宽
尺寸	132	138	148	65	118	38	3.5

（三）制板图绘制过程

1. 新中式连衣裙款式一

第一步，绘制基准线；第二步，绘制基本轮廓线（图3-17）。

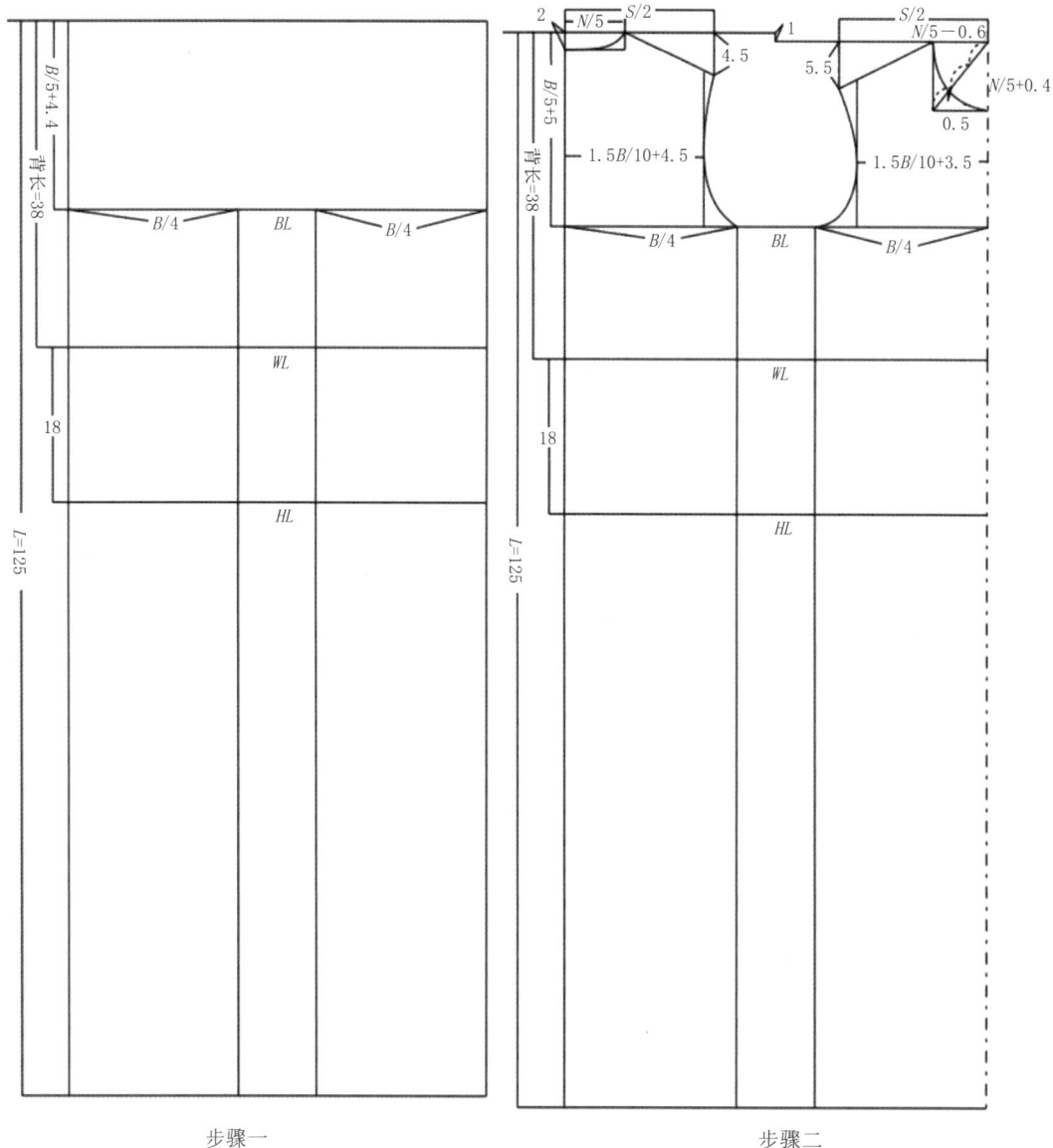

图 3-17　制板过程 1 和制板过程 2（单位：cm）

第三步，绘制袖窿、腰部轮廓线（图3-18）。

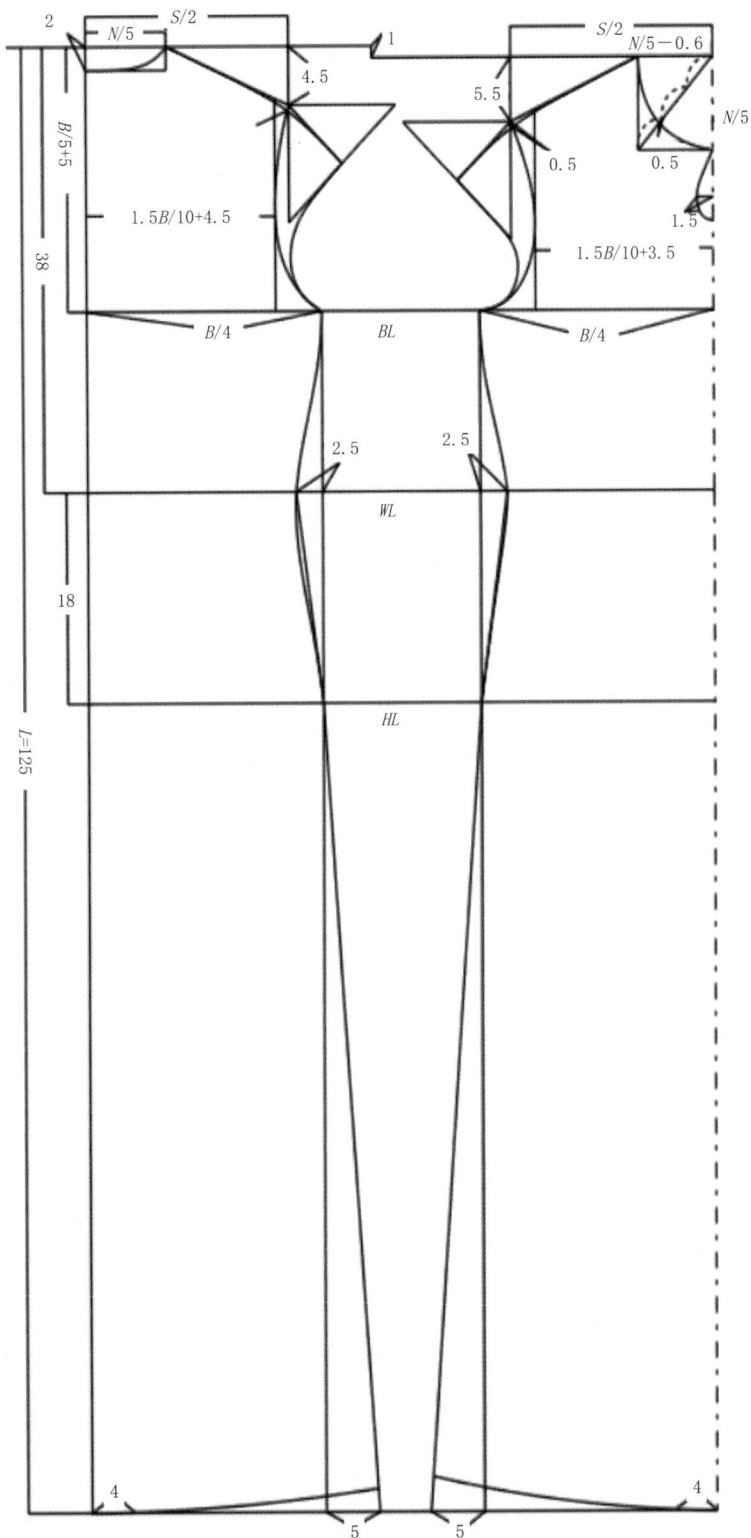

图 3-18　制板过程 3（单位：cm）

第四步，绘制分割轮廓线、领子部分，并加深净样轮廓线（图3-19）。

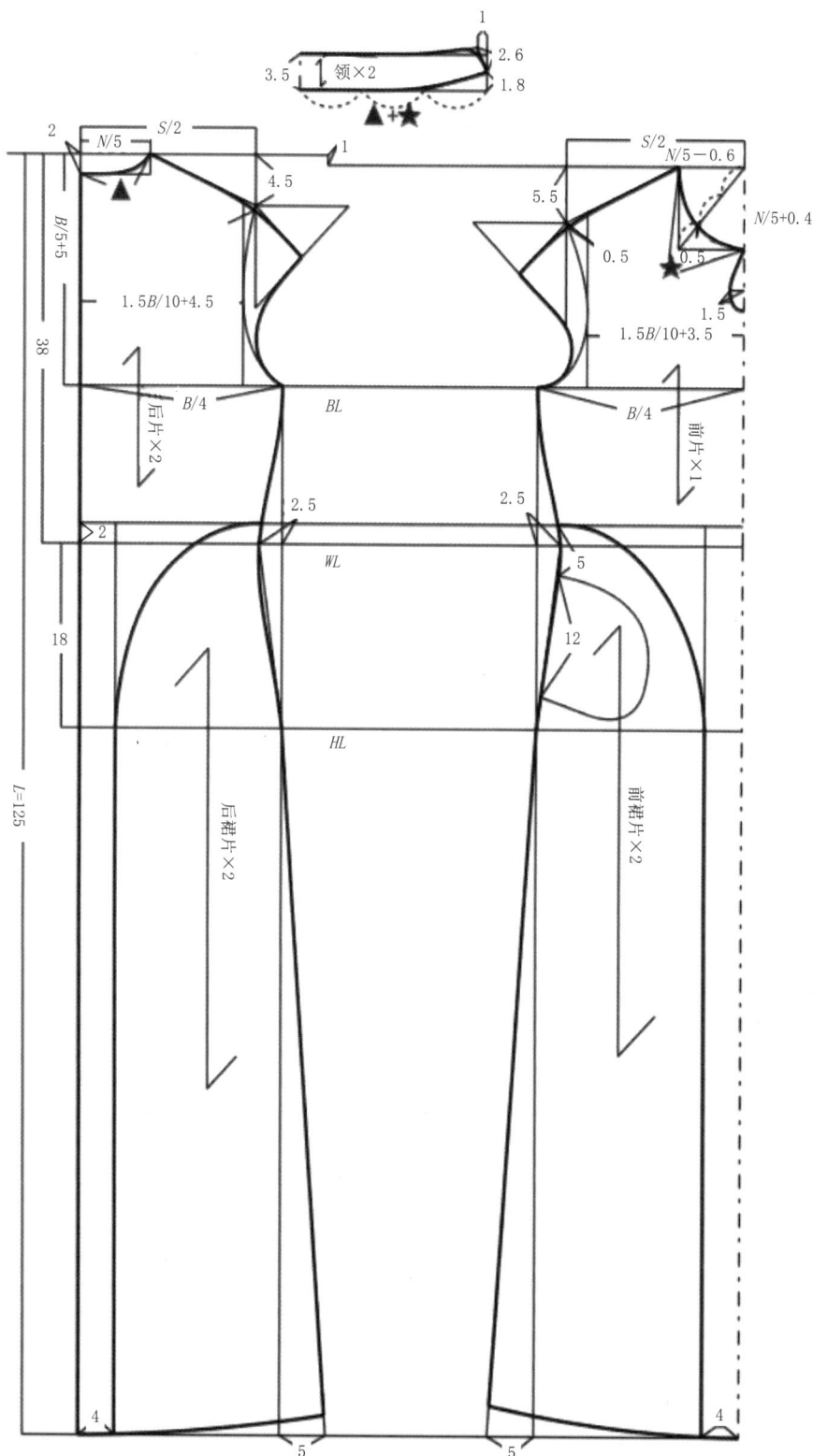

图 3-19　制板过程 4（单位：cm）

第五步，绘制裙褶部分，各展开2cm（图3-20）。

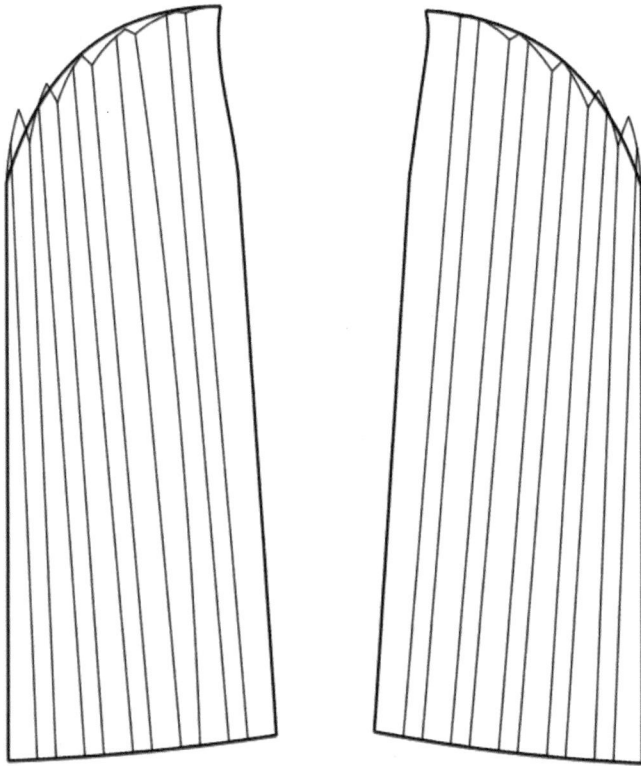

图 3-20 制板过程 5——每个褶展开 2cm

2. 新中式连衣裙款式二

第一步，绘制上衣原型，在原型基础上进行省道转移（图3-21、图3-22）。

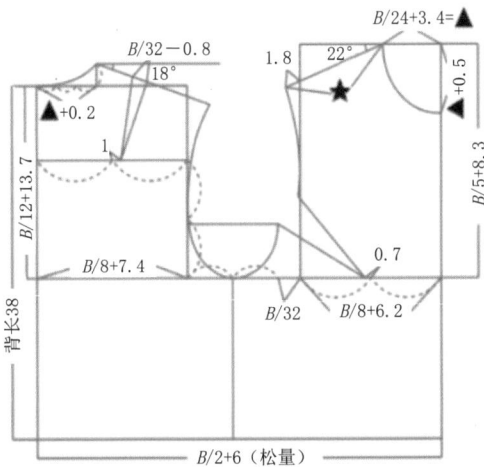

图 3-21 制板过程 1——绘制上衣原型（单位：cm） 图 3-22 制板过程 2——原型进行省道转移

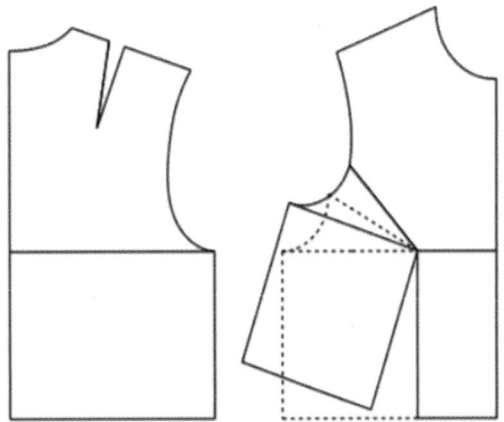

第二步，确定裙长，绘制袖窿线（图3-23）。

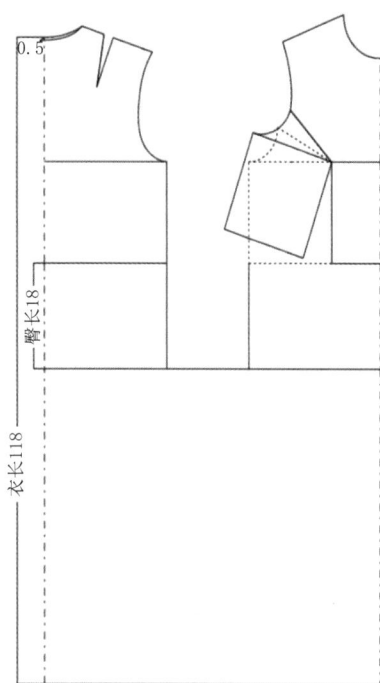
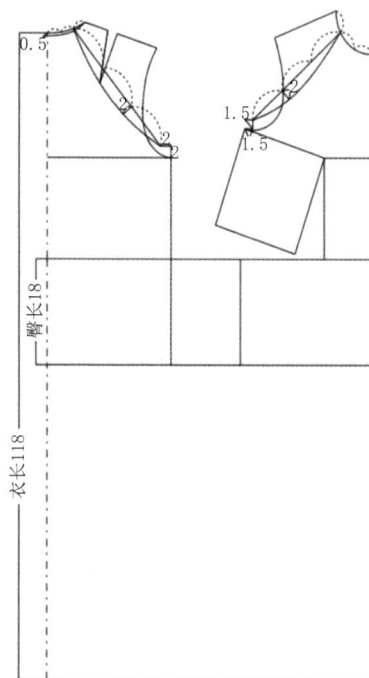

（a）确定裙长 　　　　　　　　　（b）绘制袖窿线

图3-23　制板过程3（单位：cm）

第三步，绘制整体结构图、领子部分，并加深净样轮廓线（图3-24）。

第四步，绘制裙褶部分，各展开2cm（图3-25）。

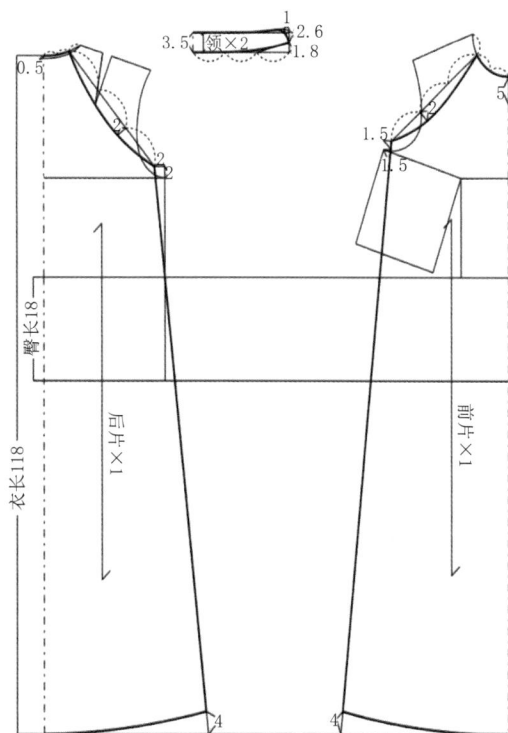
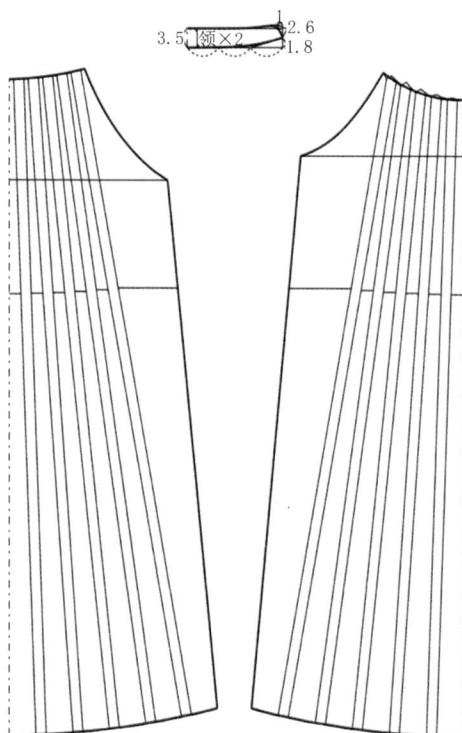

图3-24　制板过程4（单位：cm）　　　图3-25　制板过程5——褶展开2cm

（四）裁剪样板

1. 新中式连衣裙款式一

新中式连衣裙款式一的裁剪样板见图3-26～图3-28。

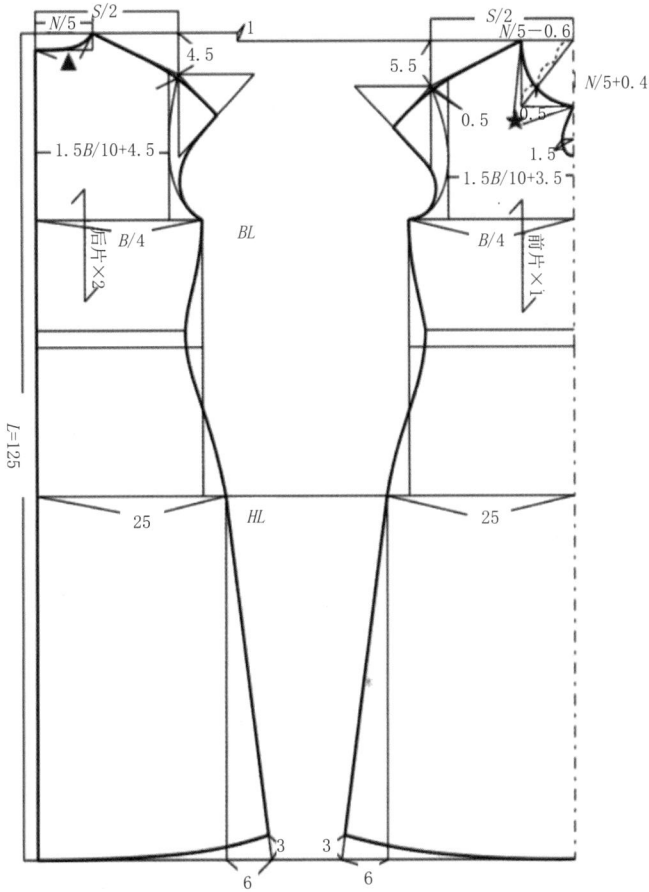

图3-26　里料结构（单位：cm）

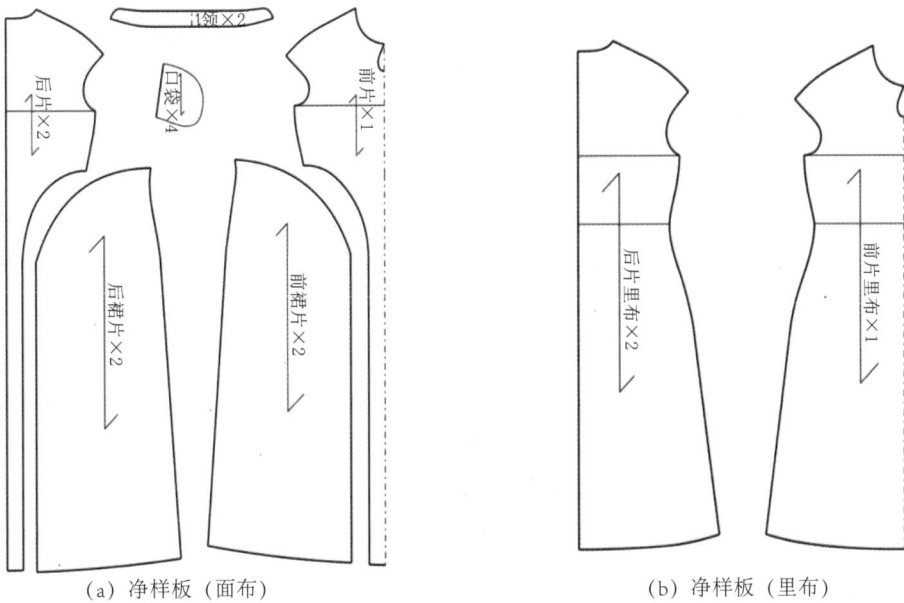

（a）净样板（面布）　　　　　　（b）净样板（里布）

图3-27　净样板面布和里布

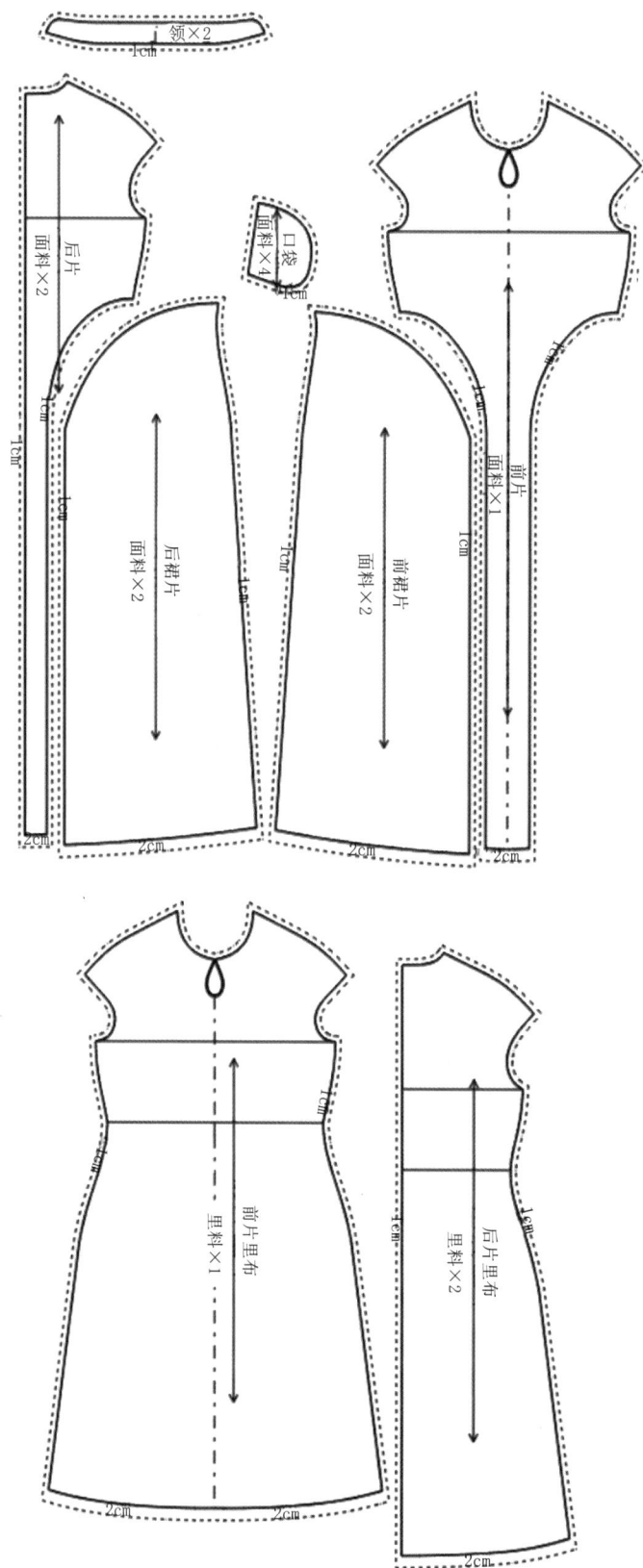

图 3-28　放缝图

2. 新中式连衣裙款式二

新中式连衣裙款式二的裁剪样板见图3-29、图3-30。

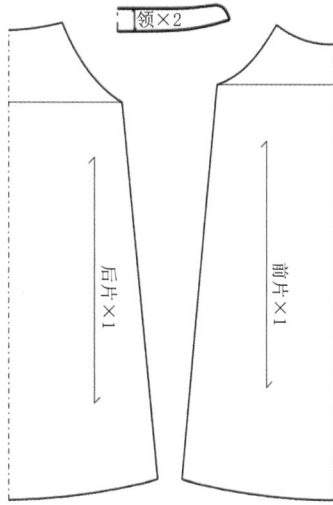

图 3-29　净样板

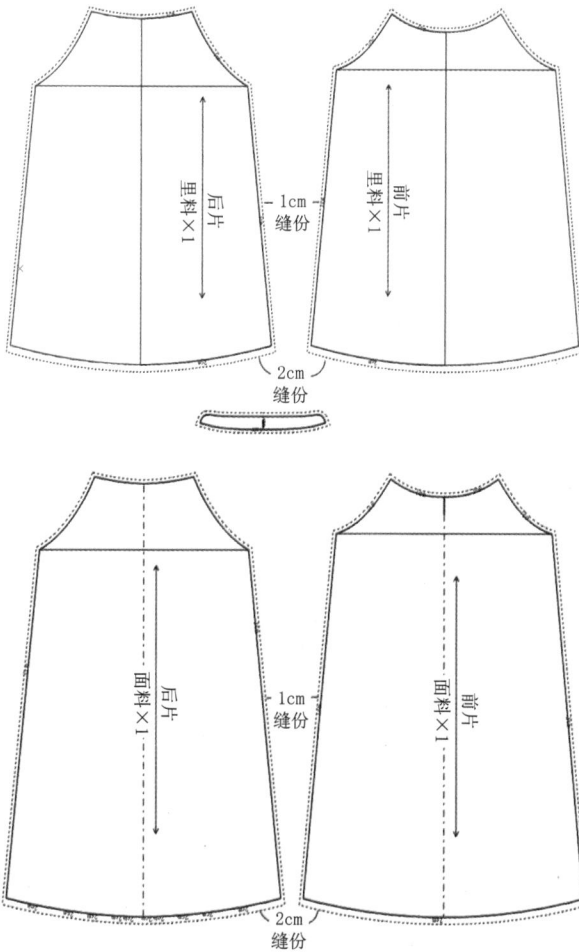

图 3-30　放缝图

■ 三、新中式连衣裙的缝合制作

下面以一款宽松直筒型新中式连衣裙为示例，从裁剪、缝制到成品，详细展示制作步骤及过程。希望通过对新中式连衣裙版型、裁剪、缝合等的介绍，帮助读者掌握女裙缝合制作流程及基本技能。

新中式连衣裙缝合制作视频解析

（一）新中式连衣裙裁剪

1. 新中式连衣裙裁剪工艺要求

（1）面料

开裁前需要先验料，所选面料不能出现有色差、褪色、脏污、抽纱等问题。

（2）排料

排料必须按样板经纬向排列，注意面料的倒顺，所有样片纱向必须一致，经纬纱必须顺直，上下板块排列紧凑，齐边平靠，斜边颠倒，弯弧相交。条格纹面料在排料时要做好定位，对好条，对好格，使成品服装上的条格连贯和对称。

（3）画线

使用可消笔沿纸板边缘画线、做记号。

（4）铺布

铺布时上下松紧度一致，布边以一边为齐，布纹不可出现斜、扭现象。

（5）裁剪

裁剪时要求下刀准确，线条流畅顺直，面料上下层不能偏刀。

（6）打号

打号指将裁好的衣片按照层次顺序，在衣片上作标记，目的是区分和识别不同的衣片必须将板分清，打号位置的偏差在0.5cm以内，所有裁片的打号位置，面上不能透色。根据样板对位记号剪切刀口。

（7）熨烫及粘衬

对所有裁好的面料进行熨烫，并对部分面料进行粘衬处理，粘衬效果以不脱胶、不起泡、粘牢为宜。

2. 新中式连衣裙裁剪步骤

第一步，排面料板（图3-31）。

第二步，画线标记（图3-32）。

第三步，裁剪面料（图3-33）。

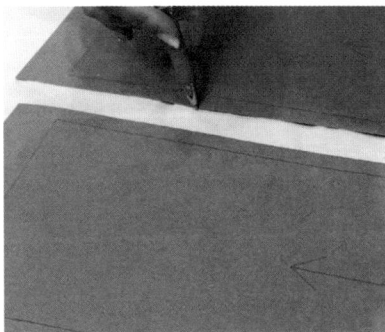

图 3-31　排面料板　　　　图 3-32　画线标记　　　　图 3-33　裁剪面料

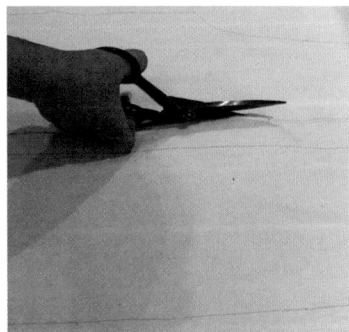

第四步，面料裁剪完成，形成裁片（图3-34）。

第五步，排里料板（图3-35）。

第六步，裁剪里料。

第七步，里料裁剪完成，形成裁片（图3-36）。

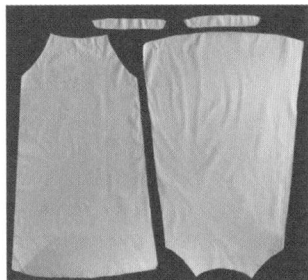

图 3-34　面料裁片　　　　图 3-35　排里料板　　　　图 3-36　里料裁片

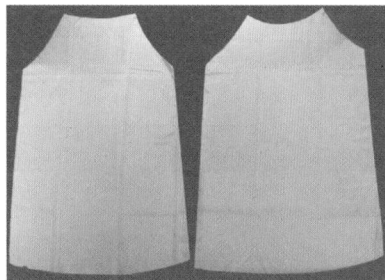

（二）新中式连衣裙缝制工艺流程

新中式连衣裙缝制工艺流程如图3-37所示。

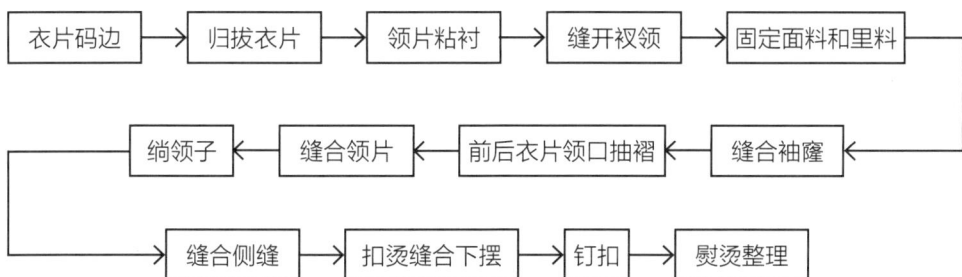

图 3-37　新中式连衣裙缝制工艺流程

（三）新中式连衣裙缝制方法与步骤

1. 样片准备

（1）衣片码边

对新中式连衣裙裁片边缘进行码边工艺处理，旨在防止布料边缘磨损、散开或露出毛边。处理后的裁片包括前片面料、后片面料、领片、前片里料、后片里料（图3-38）。

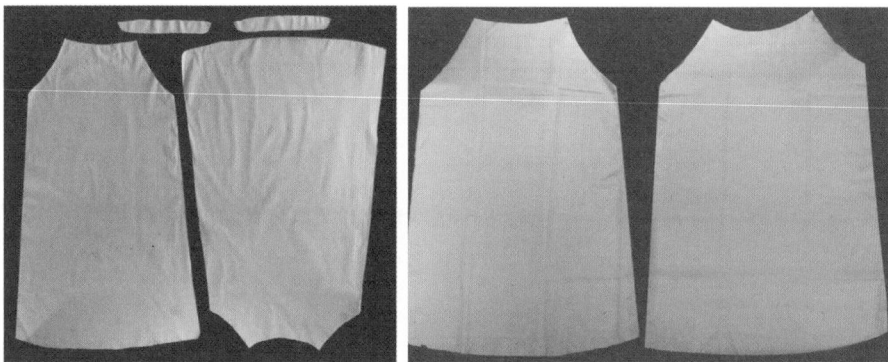

图 3-38　新中式连衣裙裁剪完成图

（2）归拔衣片

将侧缝弧尽量归直，使其与人体胯骨形态相服帖，连衣裙的其他凹凸面也需要根据具体情况进行归拔处理。例如，胸部、腰部等部位的凸起或凹陷形态也需要通过归拢或拔开处理来塑造出更加贴合人体曲线的服装形态，随后对裁剪的各部分衣片进行熨烫，使其平顺（图3-39、图3-40）。

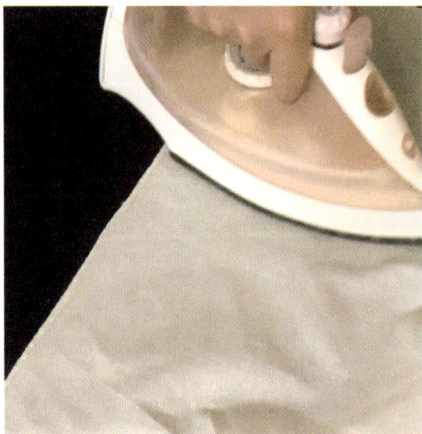

图 3-39　归拔衣片　　　　　图 3-40　熨烫衣片

2. 领片粘衬

在制作连衣裙或其他服装时，领片粘衬是一个关键的步骤，它直接影响到领子的形状、挺括度和舒适度。要选择合适的黏合衬，在粘衬过程中，还要确保熨斗的压力均匀，避免出现局部未黏合或黏合不牢的情况。一般可裁剪相对领片较大的黏合衬，待熨烫后修剪多余衬料（图3-41、图3-42）。

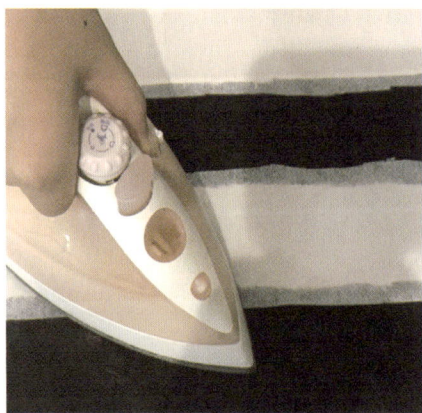

图 3-41　领片烫衬　　　　　图 3-42　修剪衬料

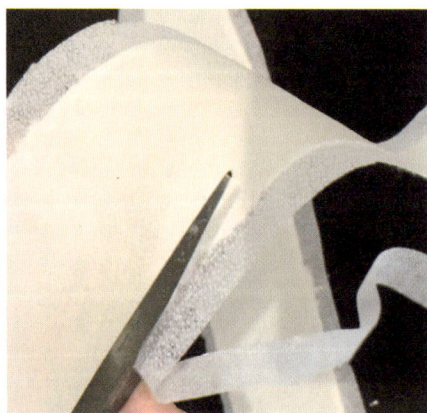

3. 缝开衩领

制作前开衩领，首先绘制开衩领的中线长度（13cm），使里料与前片的中线重合，围绕中线0.1cm处开始缝一圈，缝合好后沿着中线剪开，剪开后将里料翻到正面，沿着里料缝0.1cm的明线，最后翻到正面整理平整，熨烫开衩领（图3-43～图3-46）。

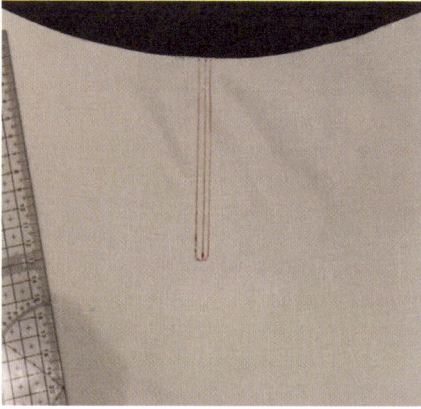

图 3-43　绘制开衩线

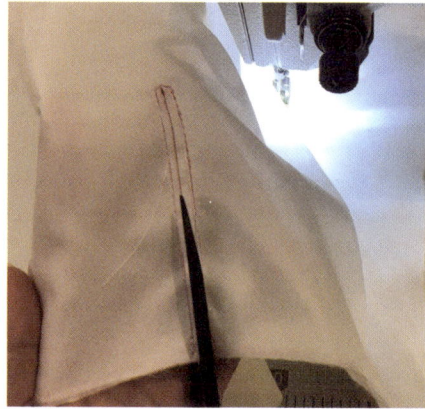

图 3-44　缝合一圈后沿中线剪开

图 3-45　熨烫开衩领

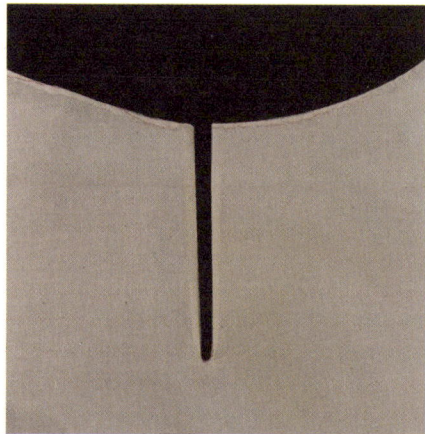

图 3-46　开衩领完成图

4. 固定面料和里料

将前后片的面料与里料固定，粗缝缝份0.5cm，只需固定领口处，袖窿及侧缝部分不缝合（图3-47）。

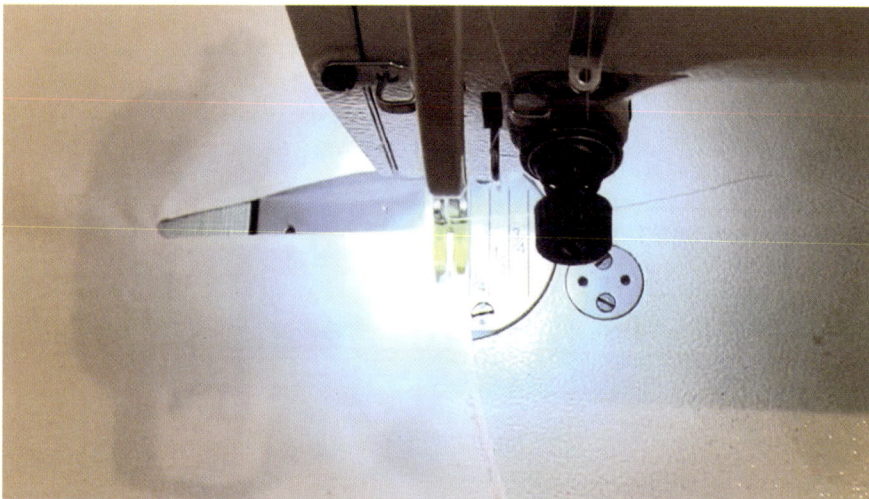

图 3-47　固定面料及里料领口处

5. 缝合袖窿

前后片的面料与里料正面和正面相对1cm缝份进行缝合，缝合后翻转至正面，熨烫整理（图3-48~图3-51）。

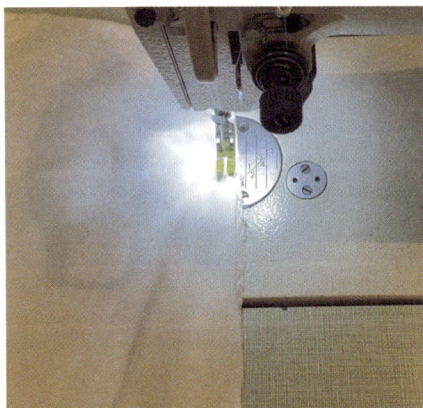

图 3-48　缝合袖窿处

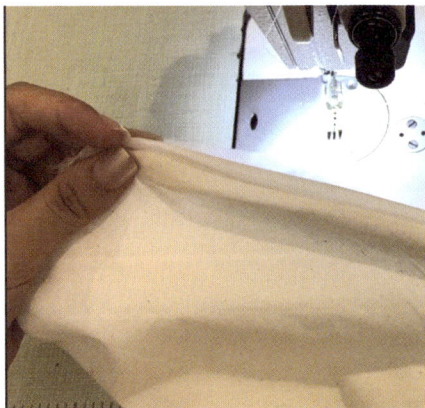

图 3-49　翻转正面

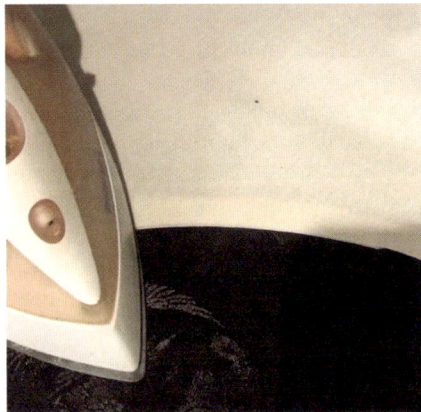

图 3-50　熨烫

图 3-51　袖窿处完成图

6. 前后衣片领口抽褶

计算前领圈和后领圈长度，将前片两片领口处各抽褶至9cm，后片领口处抽褶至12cm（图3-52、图3-53）。

图 3-52　前后片领口抽褶

图 3-53　领口抽褶完成图

7. 缝合领片

两领片粘衬后，正面与正面相对缝合领面弧线，缝合后将缝份修剪至0.5cm再翻转，翻转后进行熨烫定型处理。将外领片的领底弧线向内熨烫折进1cm，内领片的领底弧线向内熨烫折进0.9cm，使内部领片比外部领片在领底弧线处多露出0.1cm（图3-54～图3-59）。

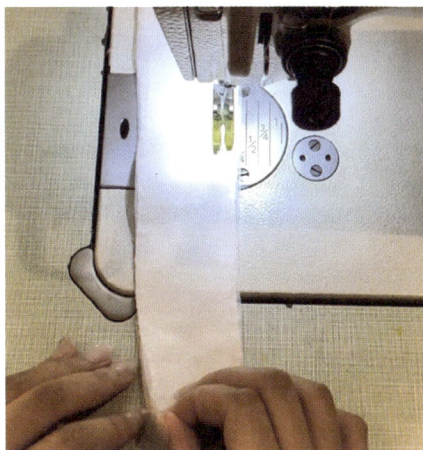
图 3-54　领片缝合

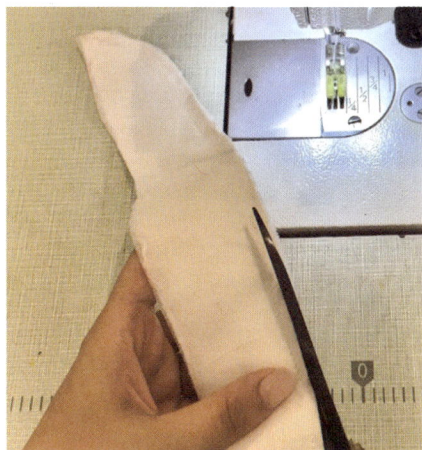
图 3-55　修剪缝份

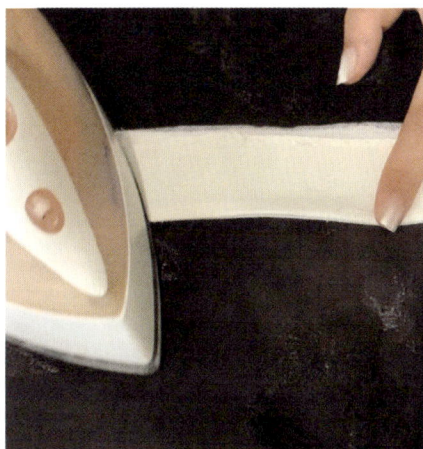
图 3-56　熨烫领子

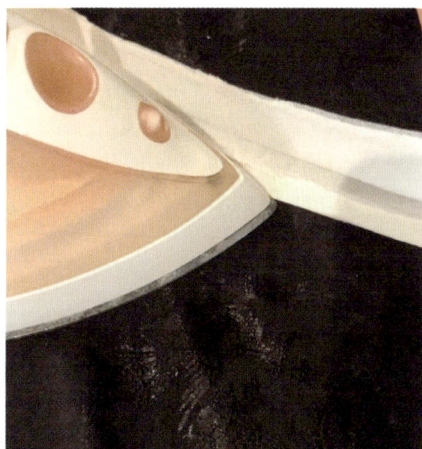
图 3-57　熨烫并折进领底弧线

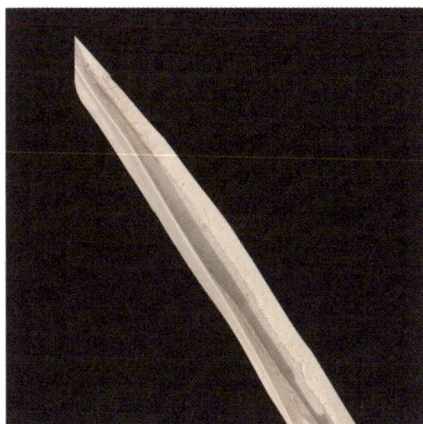
图 3-58　领底弧线熨烫完成图

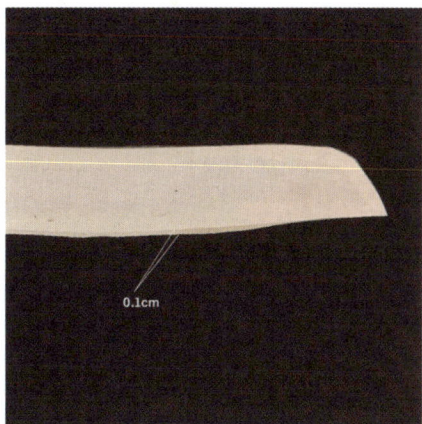
0.1cm

图 3-59　相差 0.1cm

8. 绱领子

领面领底夹镶衣身，三层一起0.1cm缝份进行缝合，缝制前可使用针固定牢固，以免缝制时产生误差（图3-60、图3-61）。

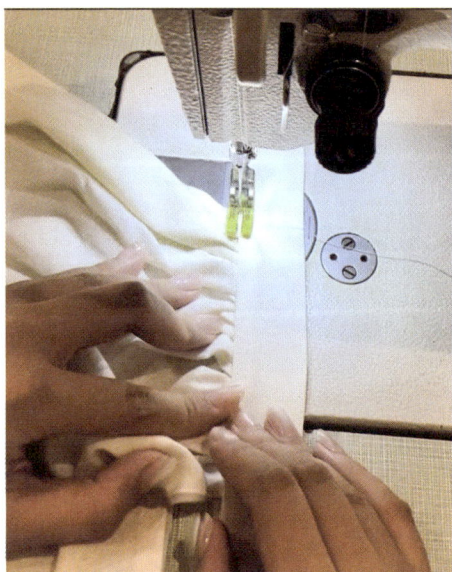

图 3-60　领子与衣身缝合

图 3-61　领子完成图

9. 缝合侧缝

将里料前后片正面和正面相对，面料的前后片正面和正面相对，1cm缝份从腋下点开始缝合，缝合到裙摆位置，熨烫平整（图3-62、图3-63）。

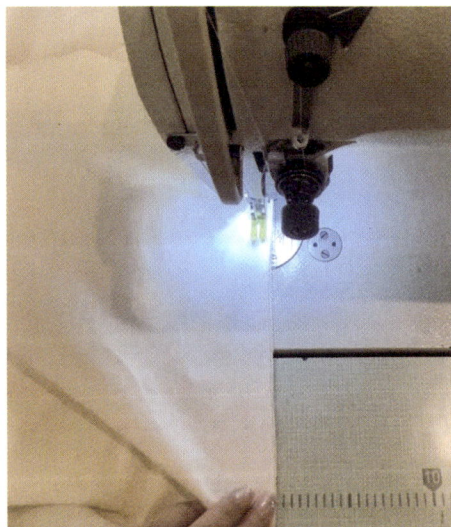

图 3-62　缝合侧缝

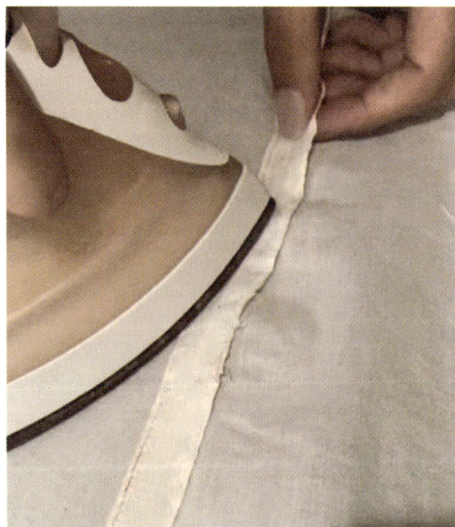

图 3-63　熨烫所有缝份

10. 扣烫缝合下摆

将里料与面料的下摆各折进1cm后再折进4cm，进行熨烫，熨烫后沿内部边缘缉线0.1cm，缝合后再次熨烫（图3-64~图3-67）。

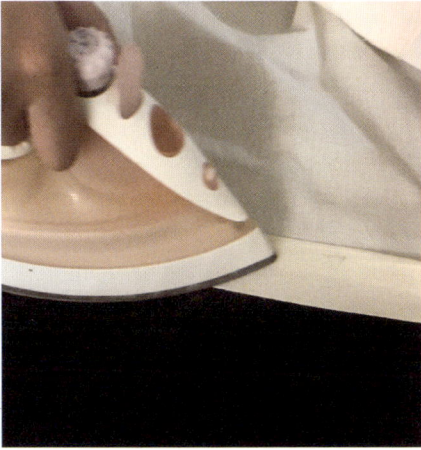

图 3-64 熨烫下摆

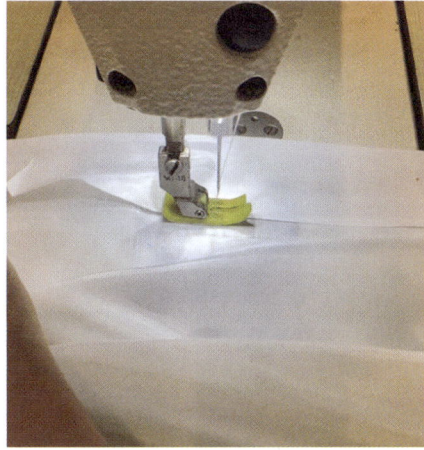

图 3-65 缝合里料下摆

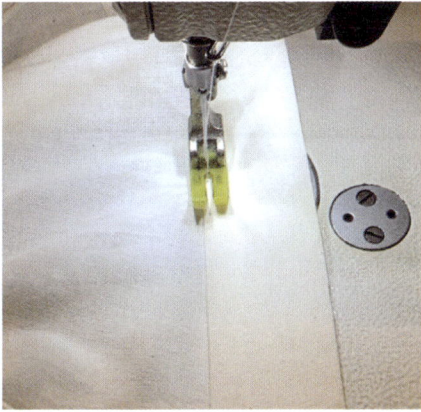

图 3-66 缝合面料下摆

图 3-67 扣烫下摆完成图

11. 钉扣

按照扣位手工缝合盘扣，缝合时尽量将缝线藏入盘扣中，使得衣服外观更加美观（图3-68）。

12. 熨烫整理

对连衣裙里料、面料、内部、外部均进行熨烫整理（图3-69）。

图 3-68 手缝盘扣

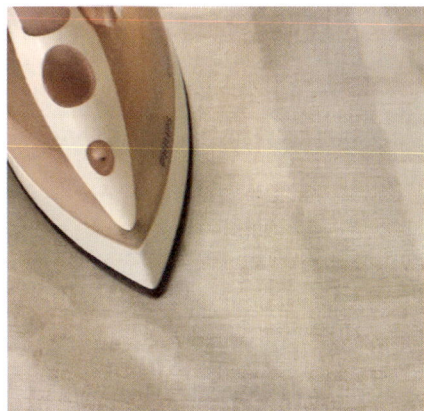

图 3-69 熨烫整理

13. 成品展示

样衣制作成品正、侧、背面效果展示图见图3-70～图3-72。

图 3-70　新中式连衣裙正面图　　图 3-71　新中式连衣裙侧面图　　图 3-72　新中式连衣裙背面图

第二节　新中式外套制板及实例

　　本节主要展现新中式外套的制板及实例。从设计理念的构思到成品的呈现，新中式服装设计与制作的每一步都充满了对细节的精心雕琢和对品质的执着追求。新中式外套不仅展现了新中式风格的独特韵味，也满足了现代人对时尚与舒适的双重需求。随着现代科技的发展，更多创新的设计思路与工艺技术也运用在了新中式外套中，将新中式文化以更加多元、生动的形式呈现给世界。

　　新中式外套制板主要包括设计构思、制板准备、制板过程、后期处理以及注意事项等多个方面。这些都影响着新中式外套的制板质量和穿着效果，本节梳理了部分新中式外套的结构版型，选取部分服装进行缝制过程展示，以此展现新中式外套的成衣过程。

■ 一、新中式外套款式特点分析

新中式外套在款式设计上借鉴了现代服装的设计理念，更加注重穿着的合身度与舒适度。新中式外套在色彩搭配上也更加多元化，在保留传统服饰常用色彩红、黑、蓝的基础上，增添了现代流行潮色，在搭配上也可以结合牛仔裤、休闲裤、长裙、旗袍穿着。

（一）设计风格

新中式外套在风格上追求简约，以舒适的面料和宽松的设计受到人们的喜爱，给人落落大方的视觉感受，既有松弛感，又独具东方韵味。它通过精致的剪裁和细节处理，展现出独特的韵味。在追求时尚的同时，新中式外套也注重穿着的舒适度，使人们在穿着时感受到轻松与自在。

新中式外套常借鉴中国传统设计元素，例如传统建筑、植物、文化等，同时融入现代设计理念，使其剪裁和结构设计独具匠心。无论是宽松飘逸的长袍外套，还是紧身利落的短装，都流露出一种淡雅而时尚的气息。新中式外套适配多元的场景，无论是工作通勤，还是休闲时光，都能契合人们的穿着需求。新中式外套关注时尚性，将传统元素与现代元素巧妙地结合在一起，既能使人们在穿着中感受到传统的韵味，又能展现出时尚的魅力（图3-73）。

图 3-73　某品牌 2024 春夏秀场外套

（二）造型结构特点

新中式外套倾向于修身设计，强调身体的线条美，特别是在腰部和肩部的设计上，能够突出女性的身材曲线。外套常借鉴西式服装的立体裁剪手法，结合中式服装的平面结构，使外套更具层次感和空间感。

细节上，传统中式元素，如立领、对襟、斜襟、盘扣等元素，被巧妙地运用在新中式外套的设计中，结合现代审美进行创新和改造，同时加入现代元素如翻领、褶皱等，使其更具时尚感。这些设计常见于新中式外套的袖子部分。四褶袖设计体现出中国传统袍服的特点，给人以古典美感（表3-3）。

表3-3　新中式外套常见造型结构

造型结构	设计特点
立领设计	新中式外套采用立领设计，使整体线条更为挺拔和端庄，体现中国传统服饰的风范
直筒剪裁	多采用直筒剪裁，不过分修身，穿着更加舒适
对称式开衩	常见于新中式外套的底摆设计，方便活动，增加设计感
四褶袖设计	常见于新中式外套的袖子部分，给人以古典美感
平口袋	新中式外套多采用平口袋设计，简洁大方
精美纽扣	纽扣设计是新中式外套的点睛之笔，常选用传统的纽扣或者中国风的扣子，增添服饰的华丽感

（三）面料特点

真丝是新中式服装常用的一种高档面料，也常被运用于新中式外套中，其具有柔软、透气、光亮的特性，深受设计师和消费者的喜爱。真丝面料还具有良好的保温性能，适合制作秋冬季节的外套。此外，真丝面料的光泽感和垂坠感还能够展现出新中式外套的质感和档次（图3-74）。

羊毛面料又称呢绒，是各类羊毛、羊绒织成的织物的泛称。它通常适用于制作冬季新中式外套，具有防皱耐磨、手感柔软、高雅挺括、富有弹性、保暖性强的特点。然而，羊毛面料的洗涤较为困难，需要特别注意保养（图3-75）。

图 3-74　真丝面料新中式外套

图 3-75　羊毛面料新中式外套

另外，适用于新中式外套的面料还有化纤面料、绸缎面料、棉麻面料等，每种面料都有其独特的特点和适用场景。在选择面料时，需要根据季节、穿着场合以及个人喜好等因素进行综合考虑。同时，随着科技的进步和消费者需求的不断变化，新中式外套的面料选择也将更加丰富多样。

（四）适用场合与搭配

新中式外套因其独特的设计风格和深厚的文化底蕴，满足多种场合的着装需求。首先，新中式外套因其日常、百搭、实用度高的特点，非常适合在日常休闲场合穿着，年轻人不仅可以在旅游景点穿着新中式外套打卡，也可以在日常生活中展现其独特的魅力。另外，新中式外套同样适合在婚礼、庆典、演出等正式场合穿着，其设计既能展现出中华文化底蕴，又能体现时尚感，使穿着者在正式场合中脱颖而出。对于需要展现专业形象的商务活动，新中式外套也是一个不错的选择，其简约而不失格调的设计，能够彰显穿着者的品位和气质。

新中式外套的搭配方法灵活多样，可以搭配各种裤装，如牛仔裤、西装裤、阔腿裤等。这种搭配方式既保留了新中式外套的古典韵味，又融入了现代时尚元素。对于喜欢裙装的女性来说，新中式外套同样可以与之完美搭配。无论是半身裙还是连衣裙，都能与新中式外套相得益彰。为了保持整体造型的和谐统一，可以选择与新中式外套同色系的服装与饰品进行搭配。

■ 二、新中式外套制板步骤详解

（一）款式特点

1. 新中式外套款式一
领口为旗袍立领，装饰盘扣，门襟为琵琶襟，后背拼接，袖子开衩（图3-76）。

2. 新中式外套款式二
胸口为系带设计，口袋对称设计，领口为圆立领设计，整体呈宽松廓形（图3-77）。

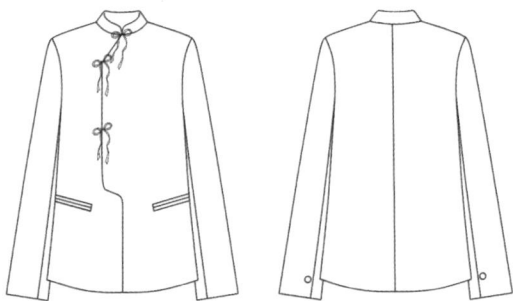

图 3-76　新中式外套款式一

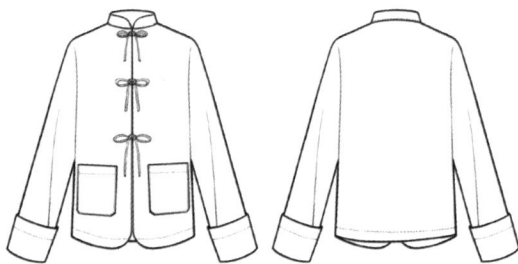

图 3-77　新中式外套款式二

（二）成品规格尺寸

1. 新中式外套款式一
新中式外套款式一的成品尺寸见表3-4。

表3-4　新中式外套款式一的成品尺寸（165/84A）

单位：cm

部位	胸围B	衣长L	肩宽S	领围N	袖长SL	袖口
尺寸	102	70	41	40	60	28

2. 新中式外套款式二
新中式外套款式二的成品尺寸见表3-5。

表3-5　新中式外套款式二的成品尺寸（165/84A）

单位：cm

部位	胸围B	衣长L	袖长SL	袖口	领围N	领宽	肩宽S
尺寸	102	64	60	30	44	4	41

（三）制板图绘制过程

1. 新中式外套款式一

第一步，绘制基准线（图3-78）。

第二步，绘制其他辅助线（图3-79）。

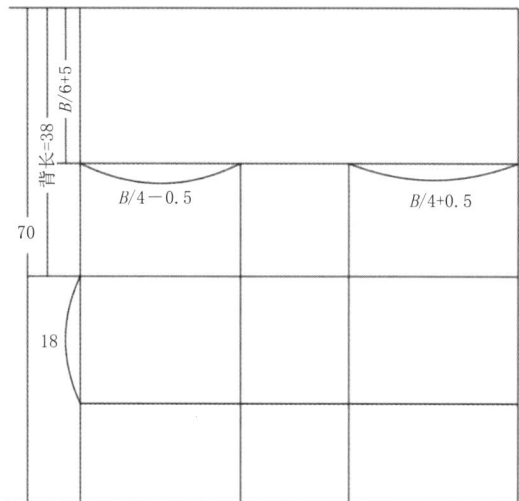

图3-78　制板过程1（单位：cm）

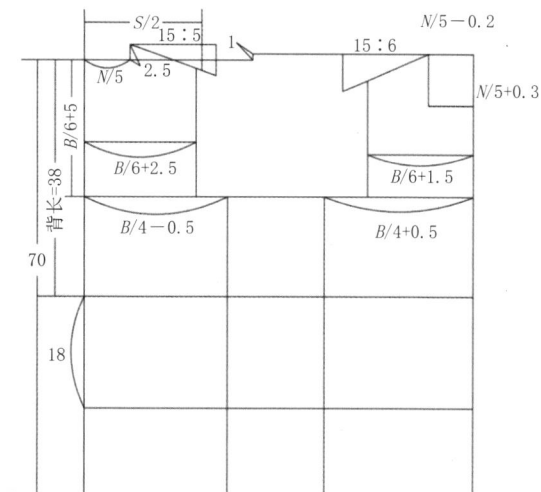

图3-79　制板过程2（单位：cm）

第三步，绘制分割轮廓线、领子部分，并加深净样轮廓线（图3-80）。

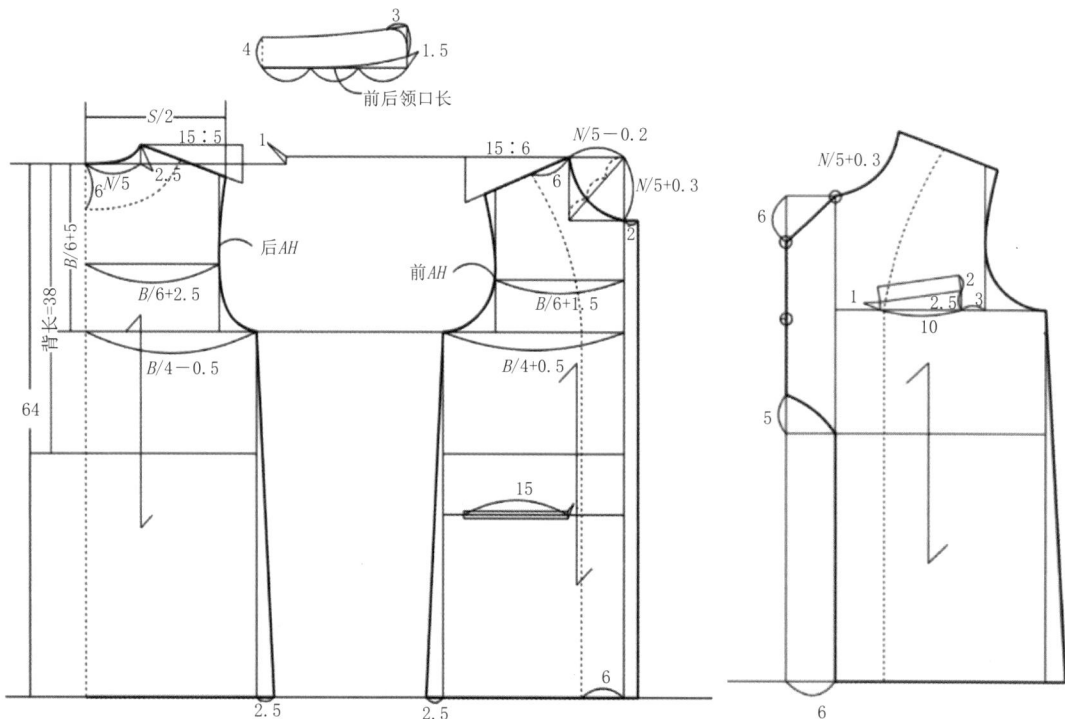

图3-80　制板过程3（单位：cm）

第四步，绘制袖子部分（图3-81）。

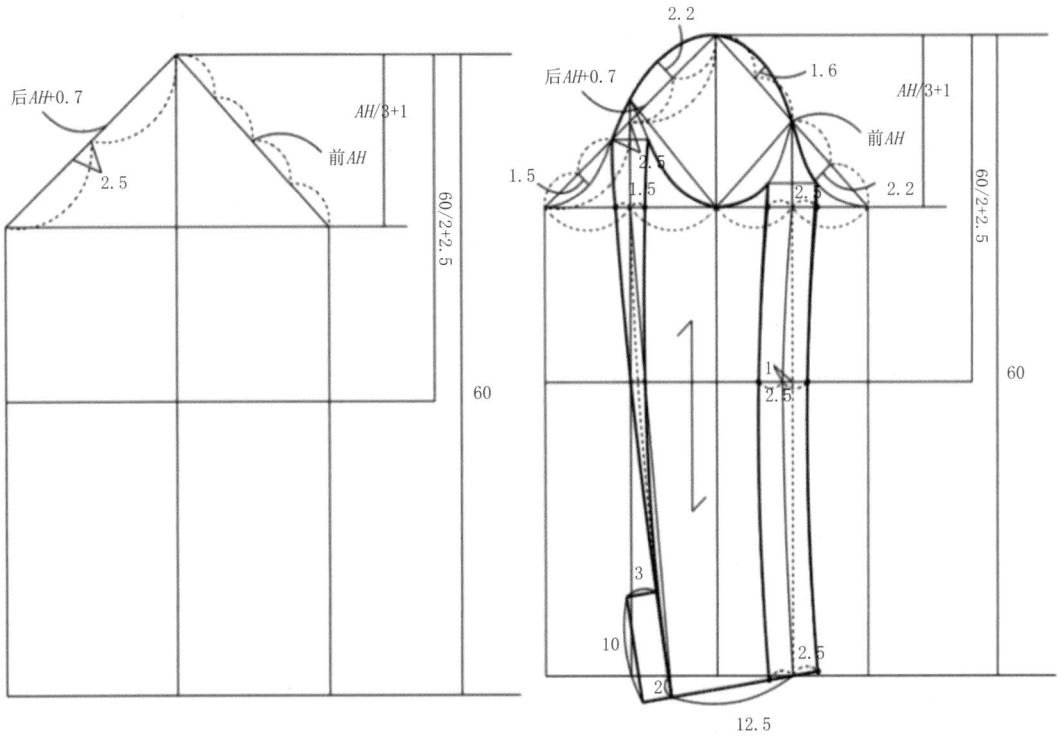

图 3-81　制板过程 4（单位：cm）

2. 新中式外套款式二

第一步，绘制基准线（图3-82）。

第二步，绘制其他辅助线（图3-83）。

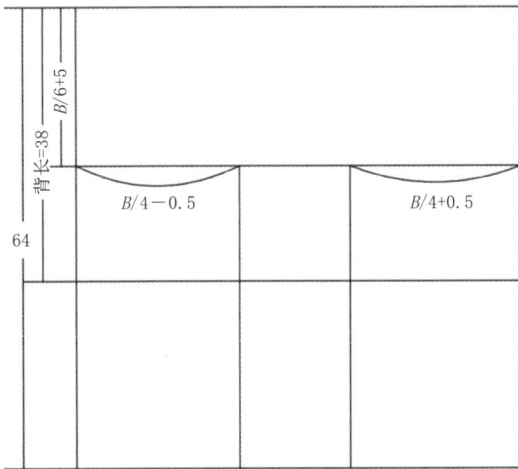

图 3-82　制板过程 1（单位：cm）

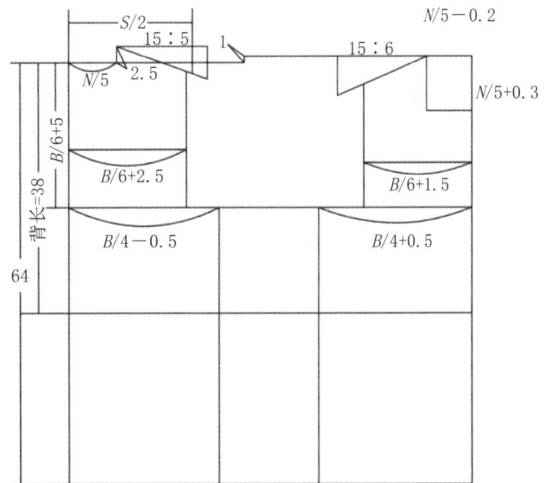

图 3-83　制板过程 2（单位：cm）

第三步，绘制袖子部分、口袋部分（图3-84、图3-85）。

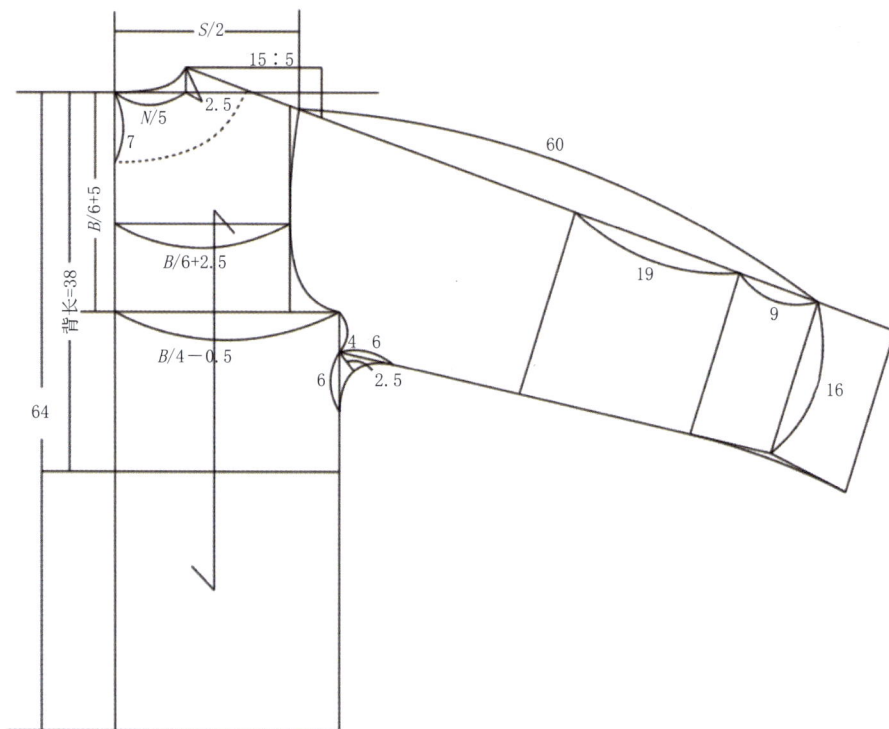

图 3-84　制板过程 3（单位：cm）

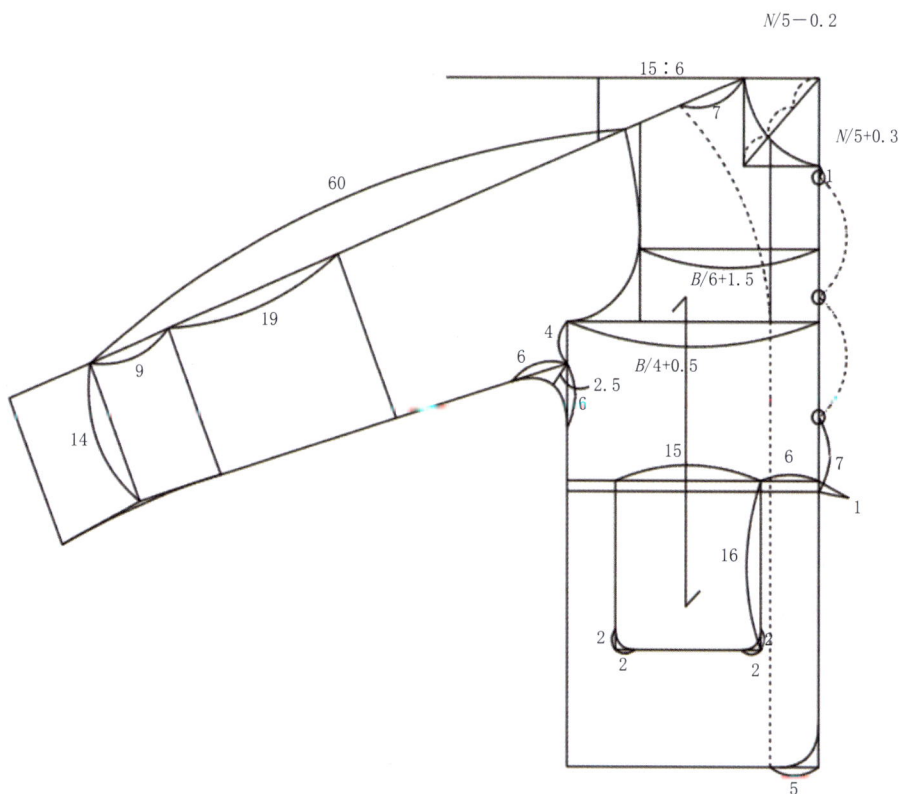

图 3-85　制板过程 4（单位：cm）

（四）裁剪样板

1. 新中式外套款式一

新中式外套款式一的裁剪样板见图3-86~图3-89。

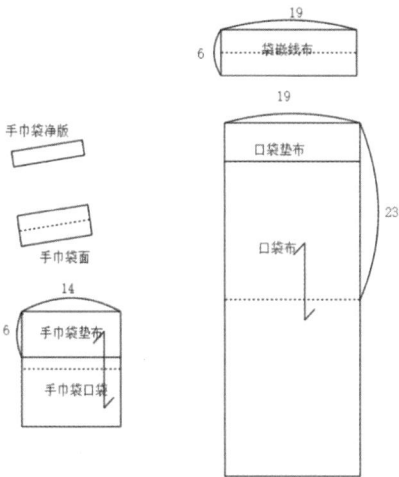

图 3-86　小部件净样板（单位：cm）

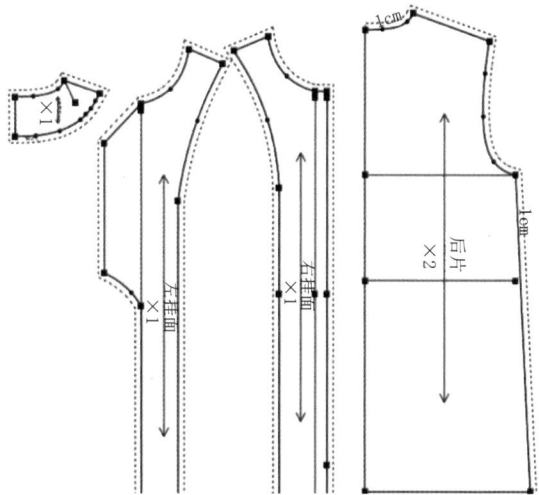

图 3-87　放缝图1（单位：cm）

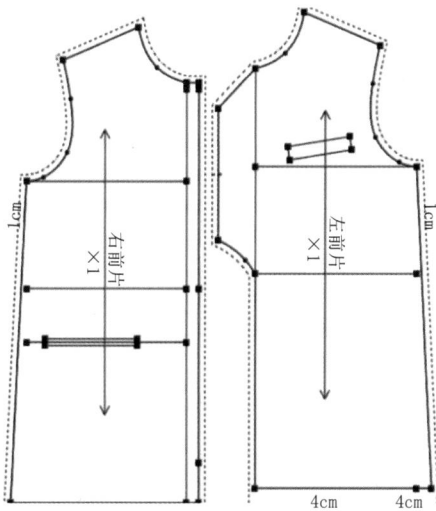

图 3-88　放缝图2（单位：cm）

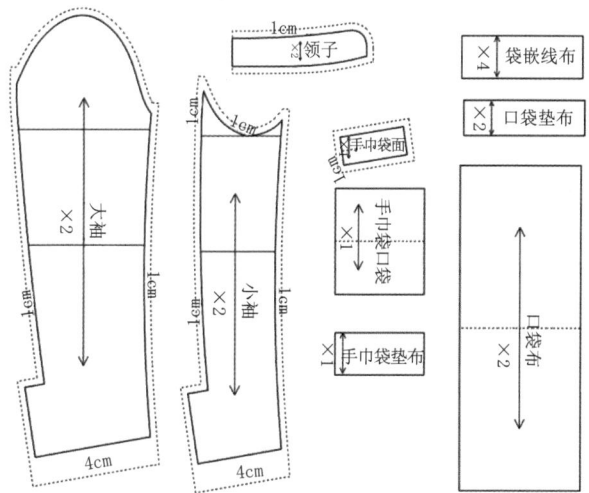

图 3-89　放缝图3

2. 新中式外套款式二

新中式外套款式二的裁剪样板见图3-90、图3-91。

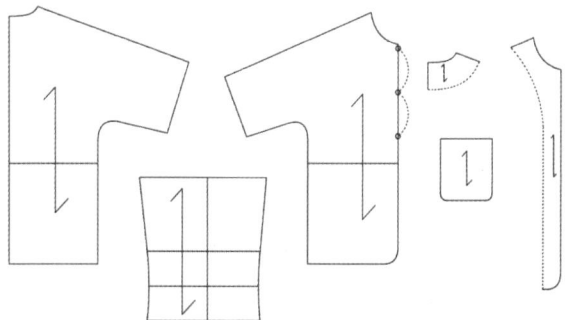

图 3-90　净样板面布和里布

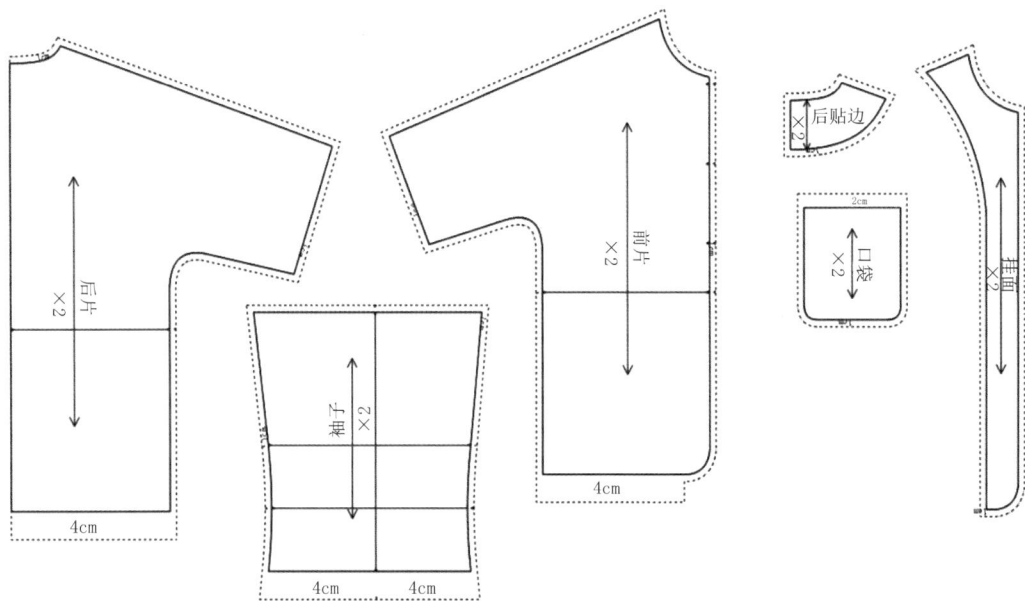

图 3-91　放缝图

■ 三、新中式外套的缝合制作

本部分以一款宽松新中式外套为示例，从裁剪、缝制到成品，详细展示制作步骤及过程。从设计款式图到服装成品，需要经历裁剪、熨烫、缝合、装口袋、绱领子、绱袖子、钉扣等多个步骤，通过本部分的学习，希望能够帮助读者更加精准地掌握基础款新中式外套的缝合制作流程及基本技能。

（一）新中式外套裁剪

1. 新中式外套裁剪工艺要求

（1）经纬纱向

前身：经纱以领口宽线为准，不允许歪斜。

后身：经纱以腰节下背中线为准，偏斜不大于0.5cm，条格料不允许歪斜。

领面：纬纱偏斜不大于0.5cm，条格料不允许歪斜。

口袋：与大身纱向一致，斜料左右对称。

挂面：以驳头止口处经纱为准，不允许歪斜。

（2）对条、对格

条格纹面料在排料时要做好定位，对好条、对好格，使服装上条格连贯和对称。

2. 新中式外套裁剪步骤

第一步，排面料板（图3-92）。

新中式外套缝合制作
视频解析

图 3-92　排面料板

第二步，画线标记（图3-93）。

第三步，裁剪面料（图3-94）。

第四步，面料裁剪完成，形成裁片（图3-95）。

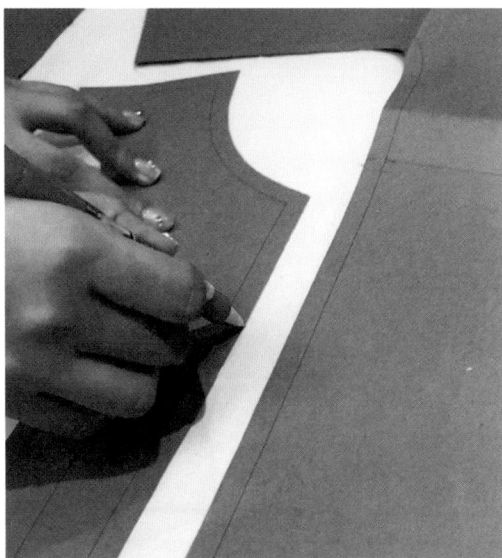

图 3-93 画线标记

图 3-94 裁剪面料

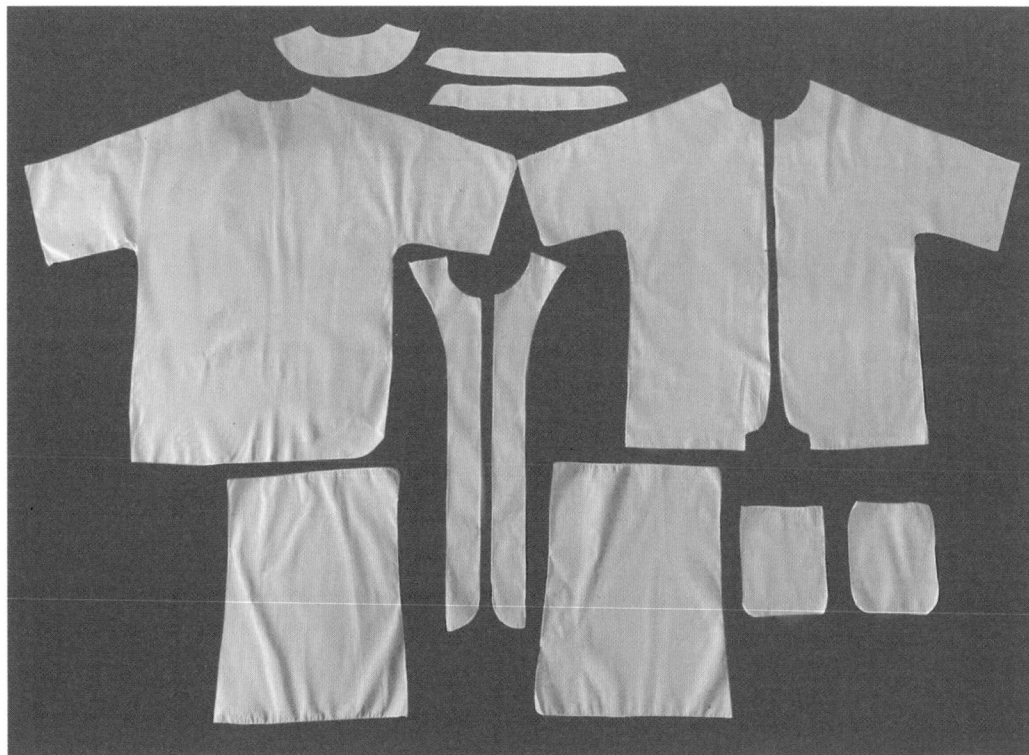

图 3-95 面料裁片展示

（二）新中式外套缝制工艺流程

新中式外套缝制工艺流程如图3-96所示。

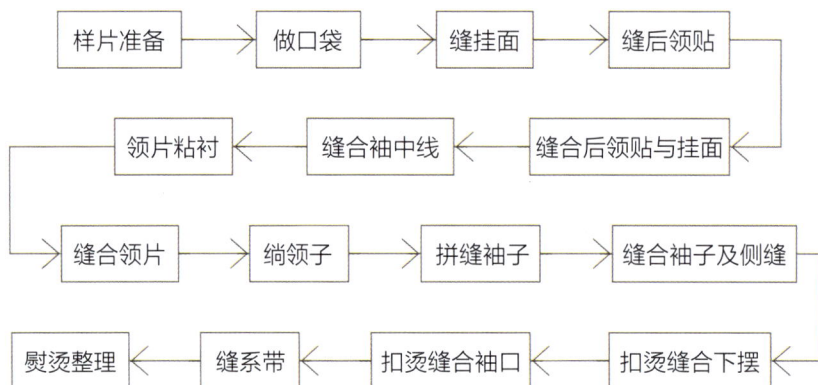

图 3-96　新中式外套缝制工艺流程图

（三）新中式外套缝制方法与步骤

1. 样片准备

前片2片、后片1片、袖子2片、领子2片、口袋2片、挂面2片、后领贴1片，面料裁剪完成图如图3-97所示。

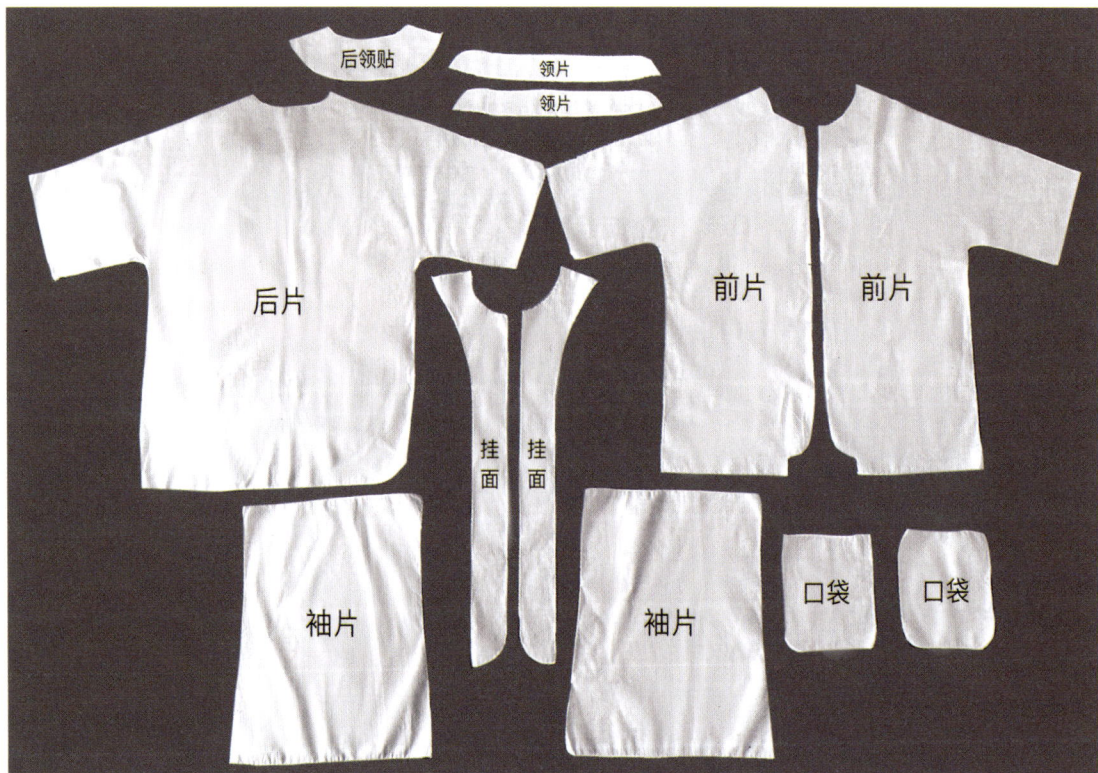

图 3-97　新中式外套裁片

2. 做口袋

裁好的口袋边缘熨烫折进1cm，袋口处熨烫折进1cm后再折进3.5cm，在烫好的袋口折进处边缘缉线0.1cm，随后将口袋与衣身缝合，对准衣身袋口定位固定，围绕口袋边缘一圈缉明线0.1cm（图3-98～图3-101）。

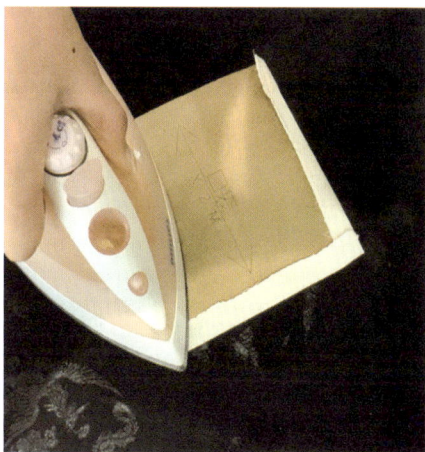
图 3-98　熨烫口袋

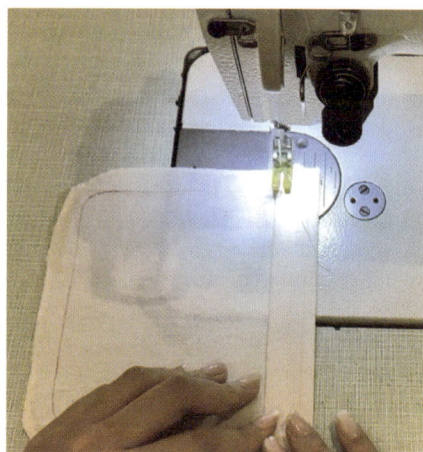
图 3-99　袋口处缉线

图 3-100　口袋与衣身缝合

图 3-101　口袋完成图

3. 缝挂面

前片与挂面正面相对，缝1cm缝份后翻转挂面，对挂面进行熨烫整理（图3-102、图3-103）。

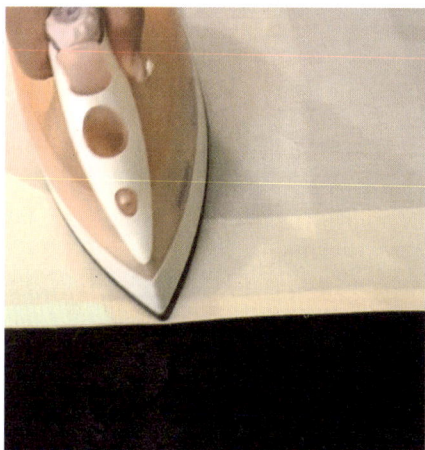
图 3-102　熨烫挂面

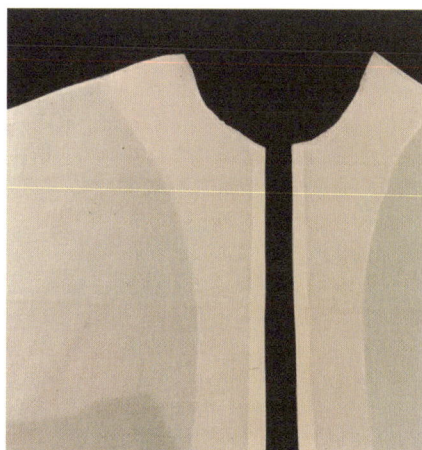
图 3-103　挂面完成图

4. 缝后领贴

后片与领贴正面相对，粗缝0.5cm缝份固定（图3-104）。

5. 缝合后领贴与挂面

将后领贴侧面与挂面缝合，缝份1cm折进内部，熨烫整理缝份（图3-105）。

6. 缝合袖中线

前后片面料正面与正面相对，袖口点对位，侧颈点对位，1cm缝份进行缝合，起点与止点打倒针固定，缝合后熨烫缝份及正面（图3-106）。

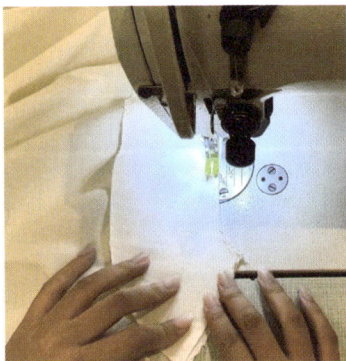

图 3-104　缝后领贴

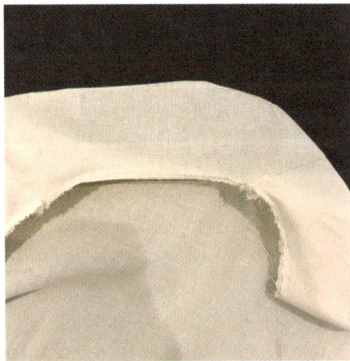

图 3-105　缝合后领贴与挂面

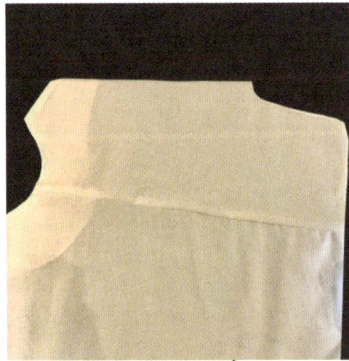

图 3-106　缝合袖中线

7. 领片粘衬

粘衬过程中，要确保熨斗的压力均匀，避免出现局部未黏合或黏合不牢的情况。一般可裁剪相对领片较大的黏合衬，进行熨烫后修剪多余衬料（图3-107、图3-108）。

8. 缝合领片

领片正面与正面相对缝合领面弧线，缝合后将缝份修剪至0.5cm再翻转，翻转后进行熨烫定型处理（图3-109、图3-110）。

9. 绱领子

将外领片的领底弧线向内熨烫折进1cm，内领片的领底弧线向内熨烫折进0.9cm，使内部领片比外部领片在领底弧线处多露出0.1cm。将领子与衣片领口缝合，领面、领底夹镶衣身，三层一起0.1cm缝份缉明线（图3-111～图3-114）。

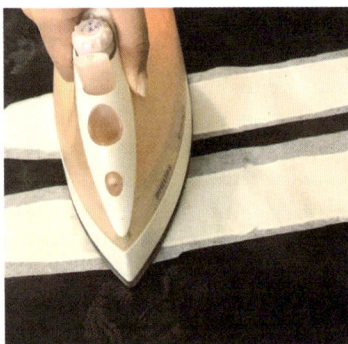

图 3-107　烫衬

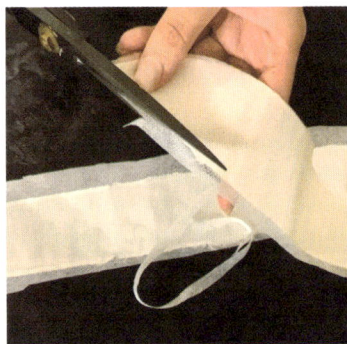

图 3-108　修剪衬料

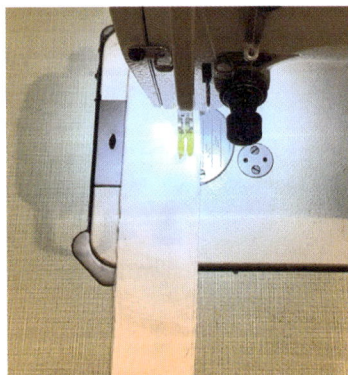

图 3-109　缝合领片

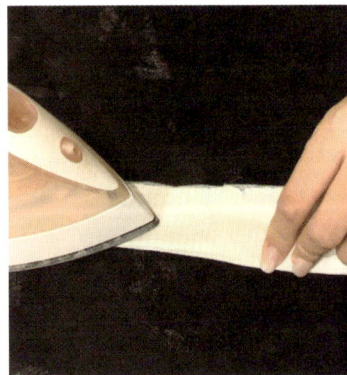

图 3-110　熨烫领片

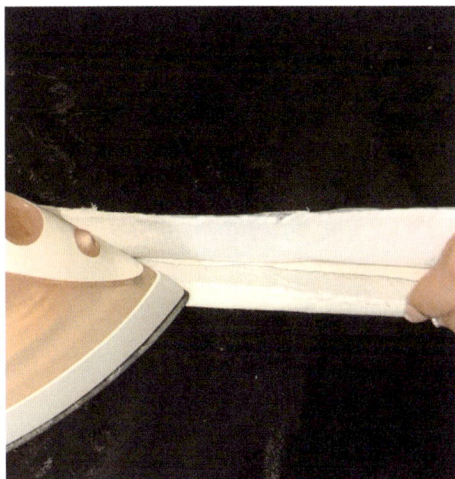

图 3-111　熨烫折进领底弧线

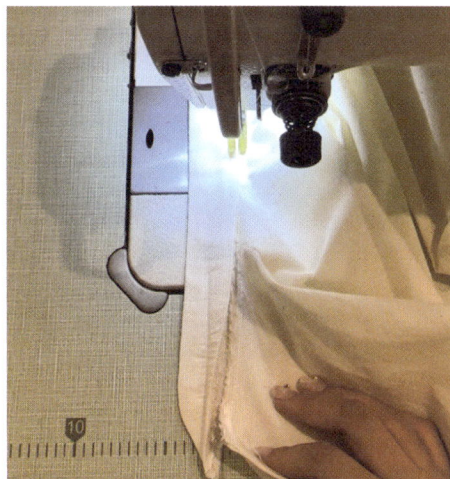

图 3-112　缝合领片与衣身

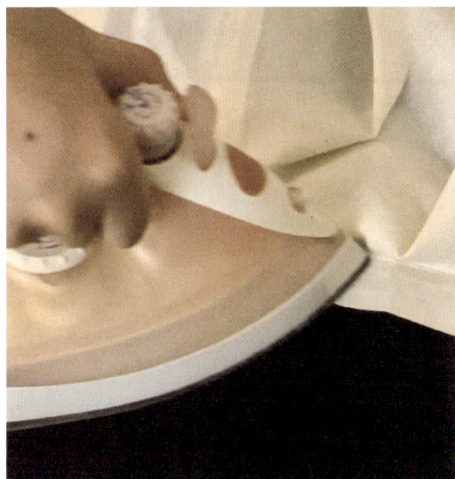

图 3-113　熨烫领子

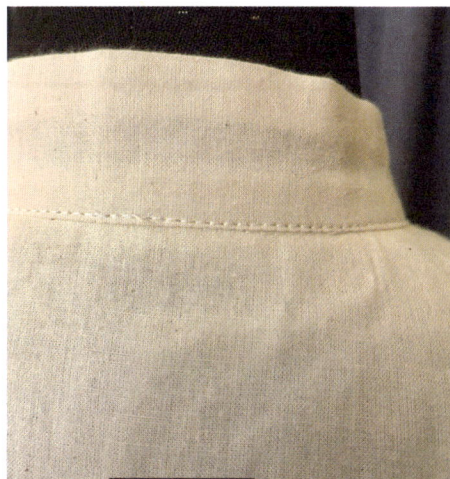

图 3-114　领子完成图

10. 拼缝袖子

将袖克夫与衣片袖子处缝合，并熨烫整理（图3-115）。

11. 缝合袖子及侧缝

衣身面料正面和正面相对，下腰点、腰节点、腋下点、袖肘线和袖口点按标记点的位置进行对位，1cm缝份进行缝合，起点和止点打倒针固定，缝合完成后熨烫缝份及正面定型（图3-116）。

12. 扣烫缝合下摆

将衣片下摆折进1cm后再折进4cm进行熨烫，熨烫后沿内部边缘缉线0.1cm，缝合后再次熨烫（图3-117、图3-118）。

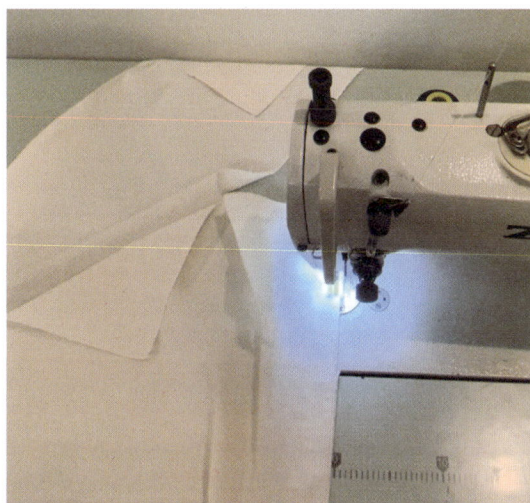

图 3-115　拼缝袖子

图 3-116 缝合后熨烫袖子

图 3-117 熨烫下摆

图 3-118 绢线 0.1cm

13. 扣烫缝合袖口

将袖口折进1cm后再折进4cm进行熨烫，熨烫后沿内部边缘绢线0.1cm，缝合后再次熨烫（图3-119）。

14. 缝系带

挑选适合的装饰带，将带子端口折进0.5cm后缝合至衣片定位处，缝合时可来回车缝多次，以使系带更加稳固，注意两边缝合位置需要对称美观，距离适当（图3-120、图3-121）。

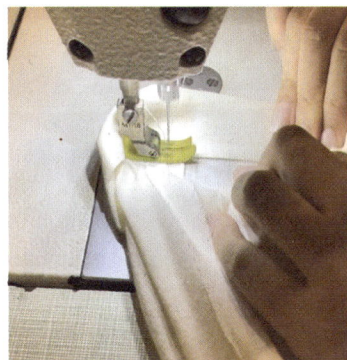

图 3-119 袖口绢线 0.1cm

图 3-120 缝合系带

图 3-121 系带完成图

15. 熨烫整理

对服装进行整烫，完成效果如图3-122～图3-125所示。

图 3-122 新中式外套正面图

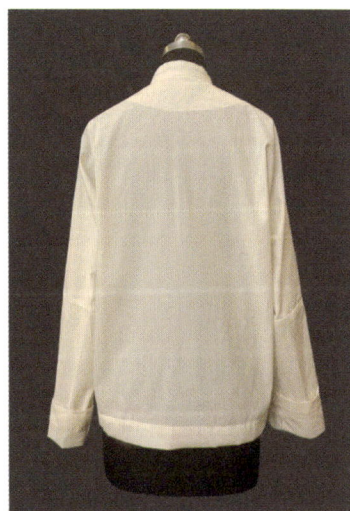

图 3-123 新中式外套背面图

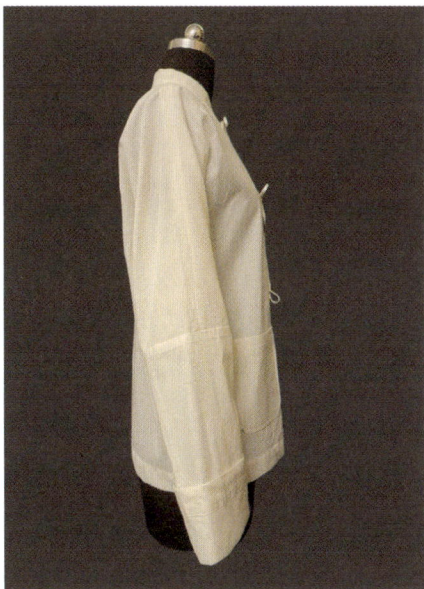

图 3-124　新中式外套侧面图（右）

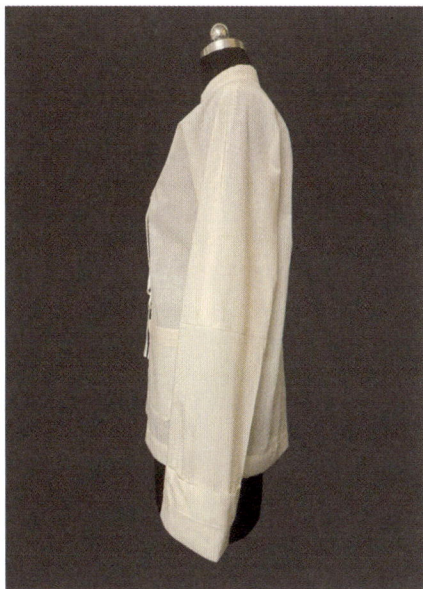

图 3-125　新中式外套侧面图（左）

第三节　新中式裤装制板及实例

　　本节深入梳理了新中式裤装的款式结构特点以及裤装结构实例、裁剪缝纫制作过程。首先，新中式裤装在保留传统元素如立裆、侧缝等的基础上，巧妙融入现代剪裁理念与流行趋势，打造既符合人体工学又富含文化底蕴的裤装款式。这一过程不仅考验着设计师的文化底蕴与创新思维，更要求其对传统工艺与现代技术有着深刻理解与精准把握。

　　制板作为新中式裤装制作的关键环节，是本节的重点探讨内容。通过实例展示，逐步解析新中式裤装的制板流程，从基础线条的绘制到复杂结构的构建，每一步都力求精准无误，确保最终成品的版型完美贴合人体曲线，展现最佳的穿着效果。通过本节的内容，读者能够全面了解并掌握新中式裤装的制板技艺。

■ 一、新中式裤装款式特点分析

　　新中式裤装在图案设计上常常采用传统水墨画、现代时尚图案元素，展现一种淡雅、飘逸的美感。在版型上参考现代服装，大胆尝试阔腿裤、灯笼裤等廓形，满足了现代人群的不同需求。

（一）设计风格

新中式裤装既保留了中式裤装的庄重和古典，又具有舒适性和便利性，整体风格注重和谐、对称、统一的表现手法，倾向于端庄、平衡。穿着后，不强调服装与人体各部位保持一致，更注重"释放人体而不是雕塑人体"，具有一种"自然穿着的构成"。在设计上，新中式裤装往往采用宽松直筒版型，既可以修饰身材，又便于活动，面料上多采用自带光泽感的面料，如奶霜雾面感、丝绒材质等。新中式直筒裤常常采用高腰设计，彰显优雅气质，无论是搭配一袭简约上衣还是古风上衣，都能展现出独特的气质与风采（图3-126）。

图 3-126　某品牌 2022 春夏秀场裤装

（二）造型结构特点

在整体版型上，新中式裤装通常保持宽松、舒适的版型，这与传统中式裤装上宽下窄的趋势相似，但更加注重现代审美和穿着的舒适性。新中式裤装延续了中式裤装平面裁剪的特点，整体结构相对简单，但注重线条的流畅和整体的和谐。裤裆内侧通常只有一条缝合线，这符合传统中式裤装的结构特点。

腰部设计上，新中式裤装多采用连腰、宽腰式，即裤子的腰部和臀部几乎是同样大小。这种设计在穿着时需要把多余的量折叠以后再系裤带，既符合中式裤装宽松的特点，也便于现代人的穿着调整。裤腿部分则通常保持直筒或微喇的设计，这与传统中式裤装宽适、贯通、畅达的样式相呼应。部分新中式裤装可能融入现代设计元素，如裤脚口采用收口设计，或用束带系在裤脚上，增加时尚感。

（三）面料特点

新中式裤装的面料选择通常注重穿着的舒适性和透气性，以满足日常穿着的需求。这类面料往往具有良好的吸湿排汗性能，能够保持肌肤的干爽与舒适。一些面料如棉麻、仿醋酸等，不仅具有柔软的触感，还能够在保持舒适度的同时，展现出裤装的挺括与垂顺感。棉麻面料是新中式裤装中常用的材质之一；丝绸面料往往用于制作高端、精致的款式；仿醋酸面料是一种具有真丝质感的合成纤维面料，它具有良好的光泽度和垂顺感。另外，在新中式裤装中，涤纶也常常与其他纤维混纺使用，以提升裤装的耐用性和抗皱性。

新中式裤装的面料往往呈现简约、大方的风格特点。无论是棉麻的质朴自然，还是丝绸的高贵典雅，亦或是仿醋酸的时尚高级，都能够通过面料本身的质感和色彩来展现出新中式风格的简约与大方（图3-127）。

（四）适用场合与搭配

新中式裤装以其舒适度和百搭性，非常适合日常休闲穿着。对于职场人士而言，新中式裤装同样适用。其简约而不失格调的设计，能够彰显穿着者的专业形象与独特品位，搭配衬衫或西装外套，即可轻松应对职场环境。

新中式裤装可以与各种上衣搭配，如T恤、衬衫、针织衫等。例如，在休闲场合中，可以选择简约的T恤或宽松的针织衫；在职场办公中，则可以选择正式的衬衫或西装外套。为了提升整体造型的精致度和时尚感，可以选择一些配饰来点缀新中式裤装，如腰带、绑带、包包、时尚鞋子等，这些配饰的加入能够使整体造型更加完整和出彩。

■ 二、新中式裤装制板步骤详解

（一）款式特点

1. 新中式裤装款式一

本款式为较宽松的女裤，后片各两个省；直插袋；后装饰两口袋；松紧腰（图3-128）。

2. 新中式裤装款式二

不对称腰头，腰头盘扣设计；直筒裤；前裤片分割；侧缝装拉链（图3-129）。

图 3-127　棉麻面料新中式裤装

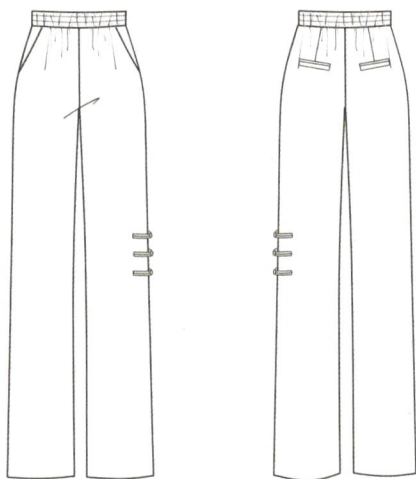

图 3-128　新中式裤装款式一

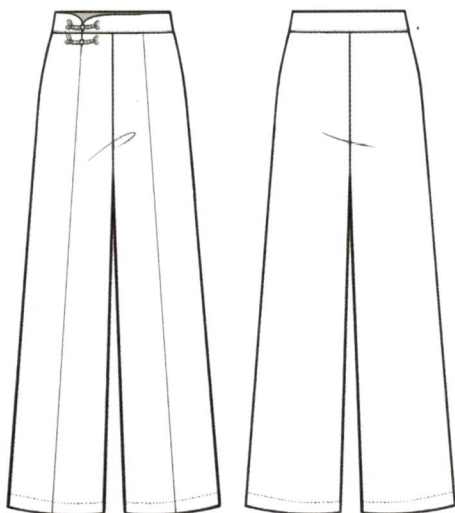

图 3-129　新中式裤装款式二

（二）成品规格尺寸

1. 新中式裤装款式一

新中式裤装款式一的成品尺寸见表3-6。

表3-6　新中式裤装款式一的成品尺寸（165/84A）

单位：cm

部位	臀围H	腰围W	裤长TL	立档	裤口SB	腰宽SW
尺寸	90	70	100	29	23.5	4

2. 新中式裤装款式二

新中式裤装款式二的成品尺寸见表3-7。

表3-7　新中式裤装款式二的成品尺寸（165/84A）

单位：cm

部位	臀围H	腰围W	裤长TL	立档	裤口SB	腰宽SW
尺寸	90	66	98	29	28.5	4

（三）制板图绘制过程

1. 新中式裤装款式一

第一步，绘制基准线（图3-130）。

第二步，确定前、后档宽大小、腰围（图3-131）。

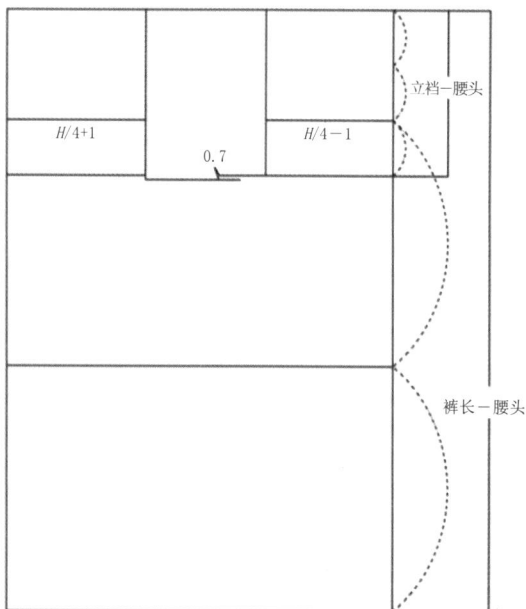

图 3-130　制板过程1（单位：cm）

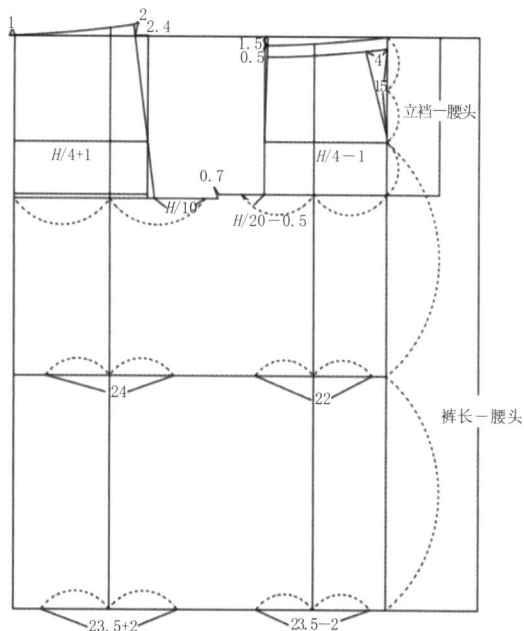

图 3-131　制板过程2（单位：cm）

第三步，绘制上、下档线和侧缝线、腰头部分，并加深净样轮廓线（图 3-132）。

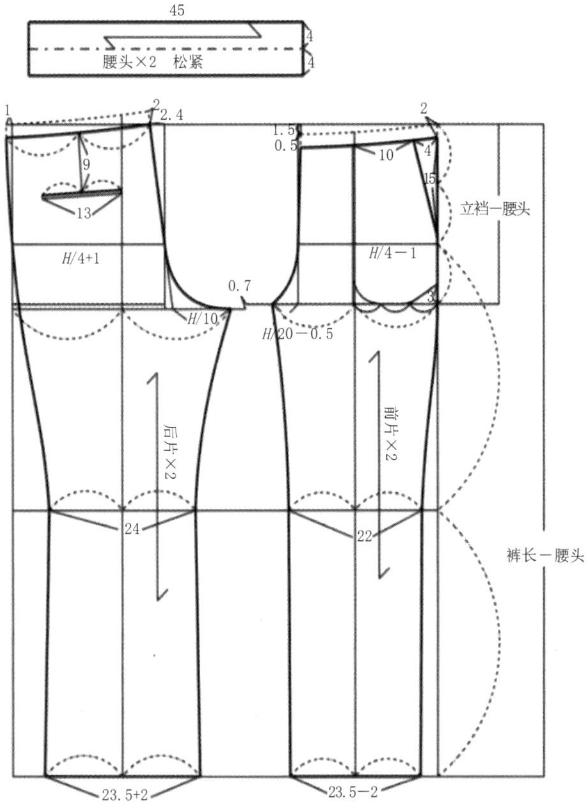

图 3-132　制板过程 3（单位：cm）

2. 新中式裤装款式二

第一步，绘制基准线（图3-133）。

第二步，确定前、后裆宽大小及腰围（图3-134）。

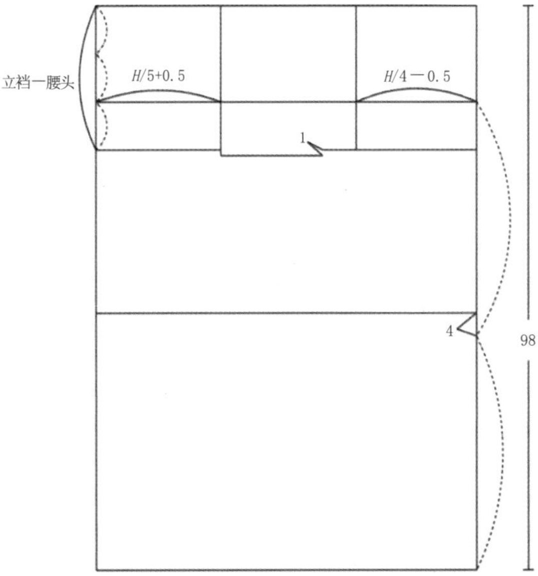

图 3-133　制板过程 1（单位：cm）

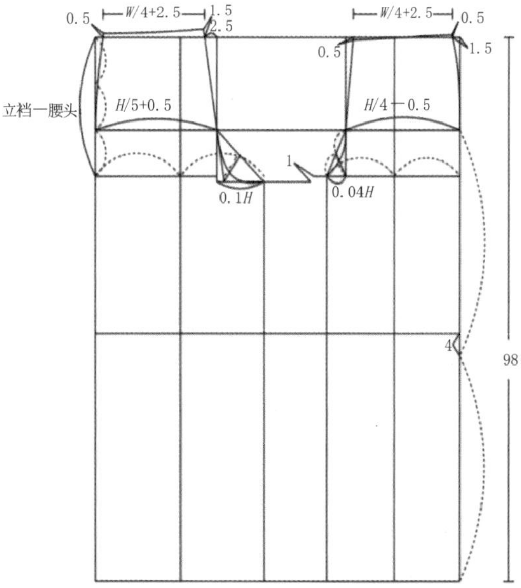

图 3-134　制板过程 2（单位：cm）

第三步，绘制整体结构图、裤腰部分，并加深净样轮廓线（图3-135）。

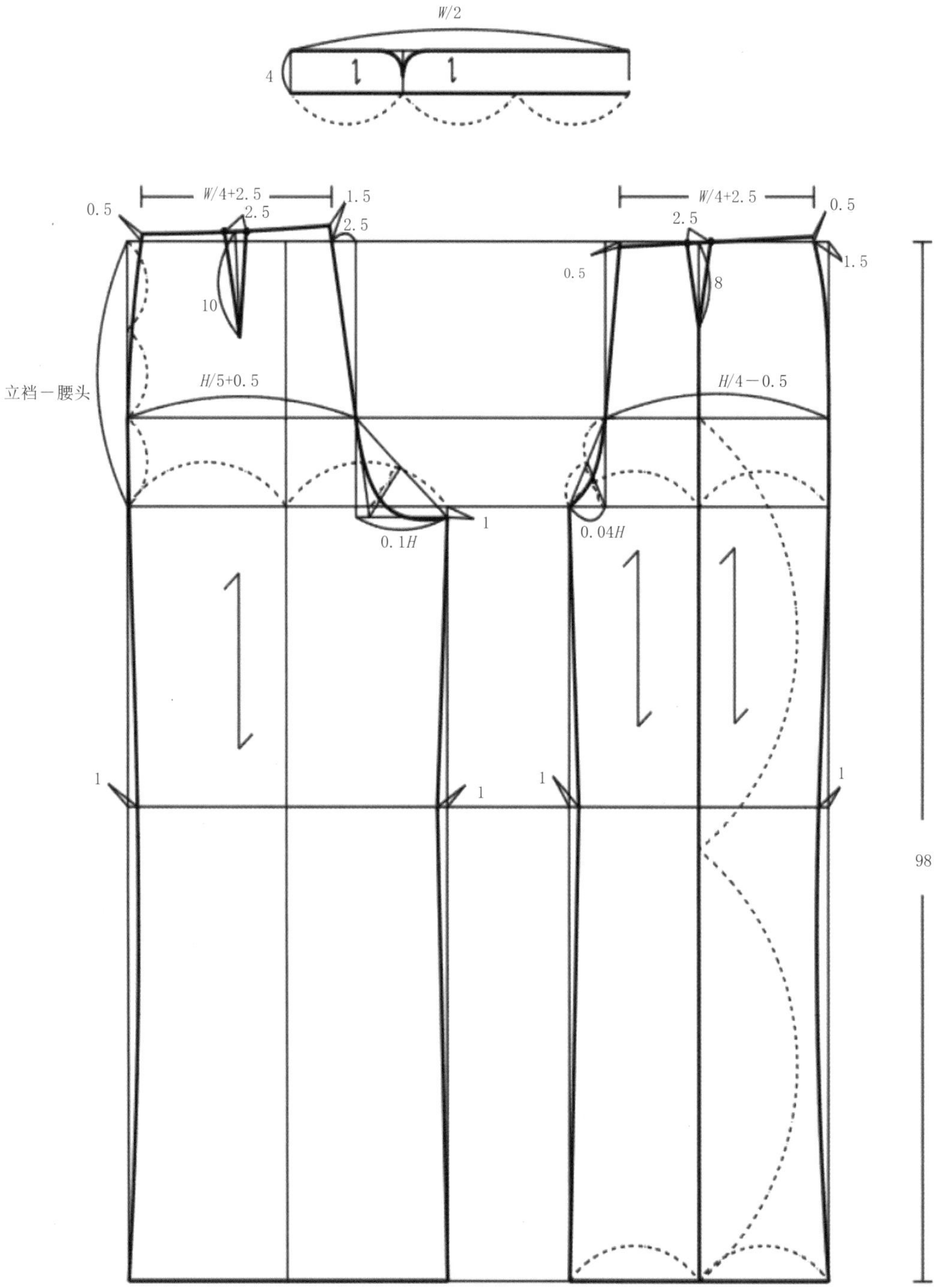

图3-135 制板过程3（单位：cm）

（四）裁剪样板

1. 新中式裤装款式一

新中式裤装款式一的裁剪样板见图3-136、图3-137。

腰头×2 松紧

口袋垫布
3
口袋布

后口袋布

后口袋牙

后片×2

前片×2

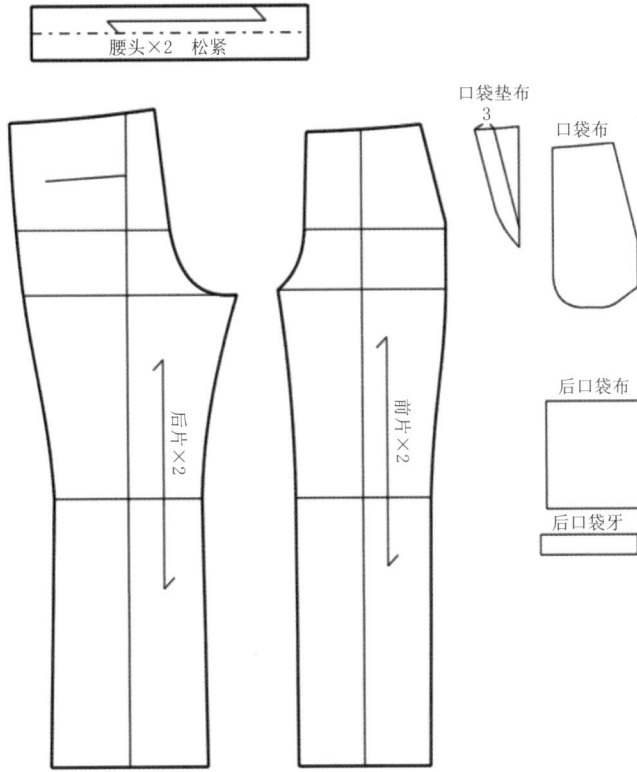

图 3-136 净样板面布和里布

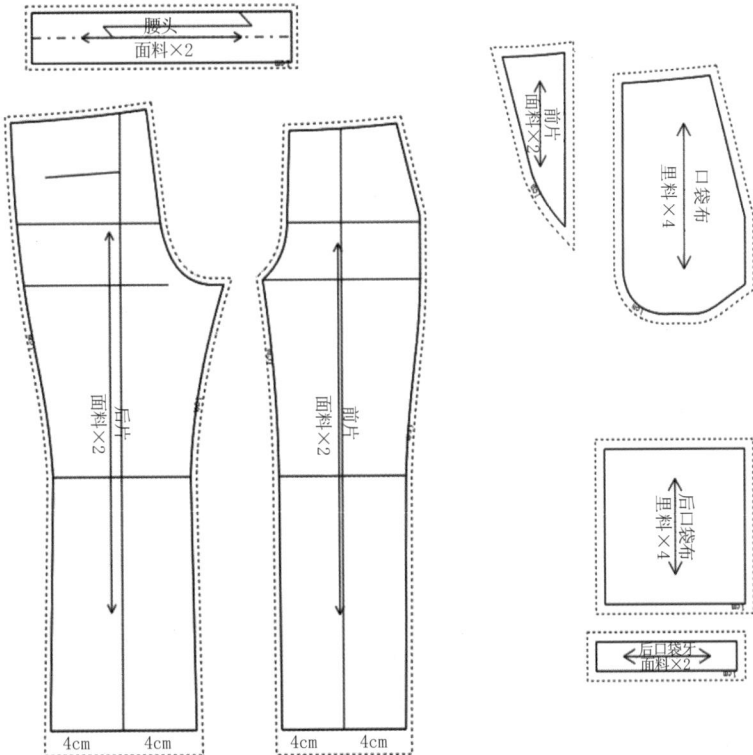

腰头
面料×2

前片
面料×2

口袋布
里料×4

后片
面料×2

前片
面料×2

后口袋布
里料×4

后口袋牙
面料×2

4cm 4cm

4cm 4cm

图 3-137 放缝图

2. 新中式裤装款式二

新中式裤装款式二的裁剪样板见图3-138。

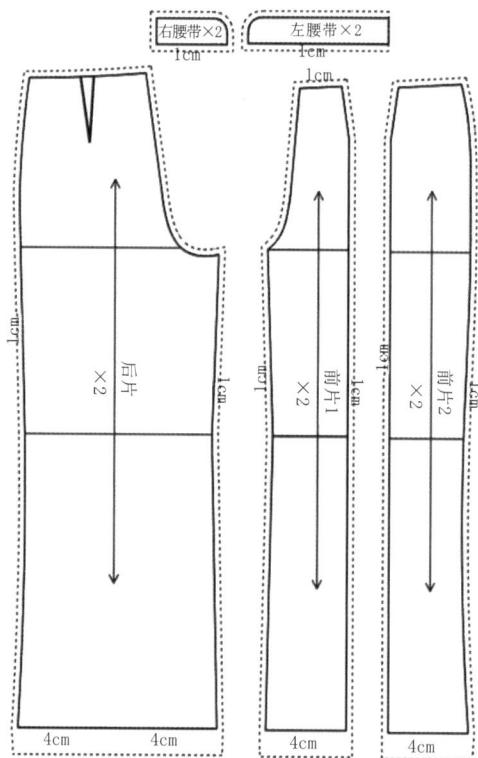

图 3-138　放缝图

■ 三、新中式裤装的缝合制作

下面以一款直筒新中式裤装为例，从裁剪、缝制到成品，详细展示制作步骤及过程。从设计款式图到裤子成品，需要经历裁剪、熨烫、缝合、缝拉链、缝腰头、钉扣等多个步骤。通过本部分学习，希望能够帮助读者更加精准地掌握基础款新中式裤装的缝合制作流程及基本技能。

（一）新中式裤装裁剪

1. 新中式裤装裁剪工艺要求

（1）经纬纱向

前身：经纱以烫迹线为准，臀围线以下偏斜不大于0.5cm，条格料不允许歪斜。

后身：经纱以烫迹线为准，中档以下偏斜不大于1cm。

腰头：经纱偏斜不大于0.3cm，条格料不允许歪斜。

（2）对条、对格

面料有明显条、格在1cm及以上的要对条、对格。

2. 新中式裤装裁剪步骤

第一步，排面料板（图3-139）。

第二步，画线标记（图3-140）。

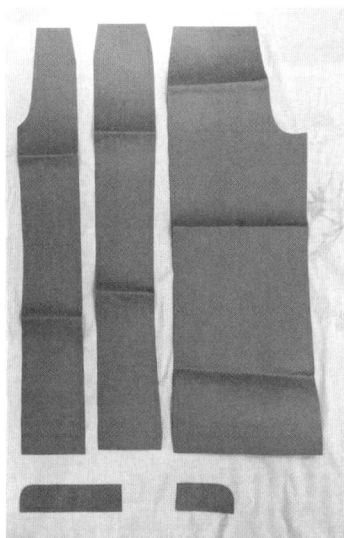

图 3-139　排面料板

图 3-140　画线标记

第三步，裁剪面料（图3-141）。

第四步，面料裁剪完成，形成裁片（图3-142）。

图 3-141　裁剪面料

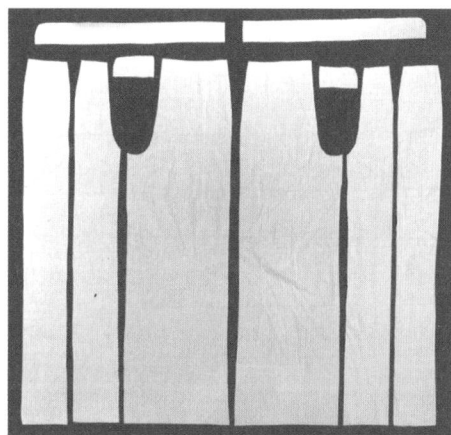

图 3-142　裁片展示

（二）新中式裤装缝制工艺流程

新中式裤装缝制工艺流程如图3-143所示。

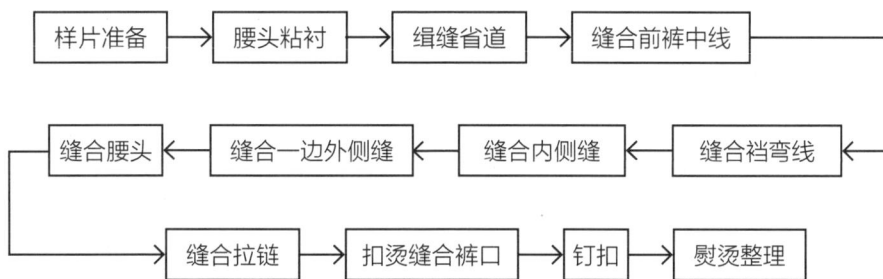

样片准备 → 腰头粘衬 → 缉缝省道 → 缝合前裤中线 → 缝合裆弯线 → 缝合内侧缝 → 缝合一边外侧缝 → 缝合腰头 → 缝合拉链 → 扣烫缝合裤口 → 钉扣 → 熨烫整理

图 3-143　新中式裤装缝制工艺流程

（三）新中式裤装缝制方法与步骤

1. 样片准备

前片4片、后片2片、腰头4片、拉链1条，缝制前需要对裁片进行码边工艺处理，另外还要归拔面料，对每片裁片进行熨烫后再缝制（图3-144、图3-145）。

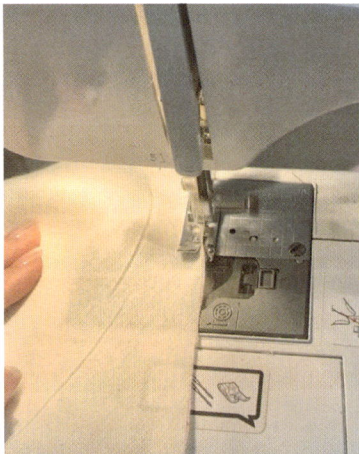

图 3-144　衣片码边

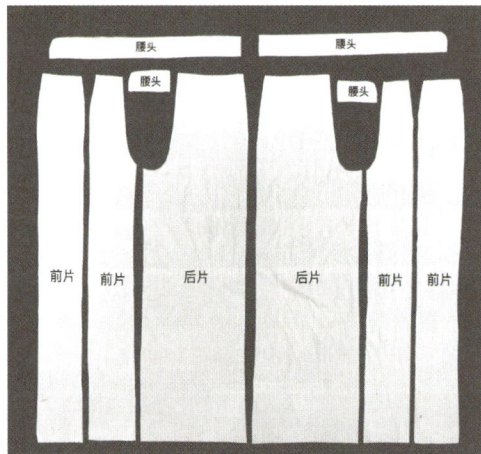

图 3-145　面料裁片

2. 腰头粘衬

裁剪大小、形状合适的衬料，对衬料进行压熨，压熨后修剪多余衬料（图3-146～图3-148）。

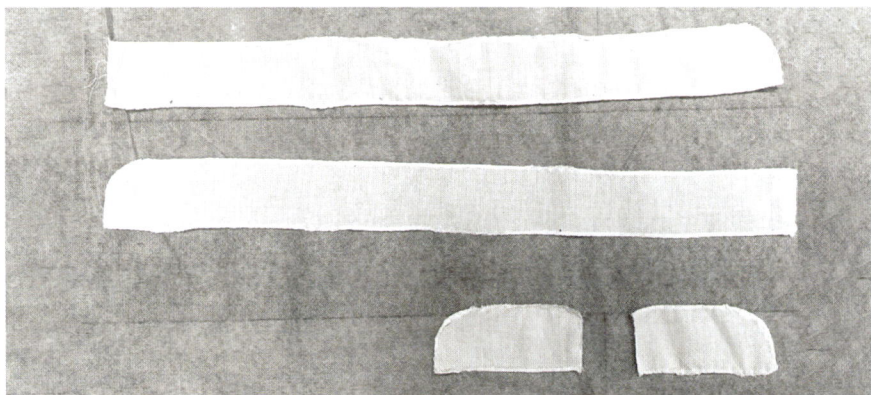

图 3-146　裁衬

图 3-147　烫衬

图 3-148　修剪衬料

3. 缉缝省道

在后片面料背面按剪口和标记点的位置画出省道线，按标记省道线的位置缝合省道，起针打倒针固定，在省尖点位置打结固定，缝合完成后省道向后中心倒进行整熨（图3-149）。

4. 缝合前裤中线

将两个前片面料正面与正面相对，缝1cm缝份，缝合后熨烫缝份及正面（图3-150）。

图 3-149　省道完成图

图 3-150　前裤中线完成图

5. 缝合裆弯线

左右裤腿正面和正面相对，1cm缝份从前中心腰节点开始缝合，一直缝合到后中心腰节点，裆弯点、臀围点等需要对位的点按标记点的位置进行对齐，起针和止点打倒针固定（图3-151、图3-152）。

图 3-151　裆弯线完成图

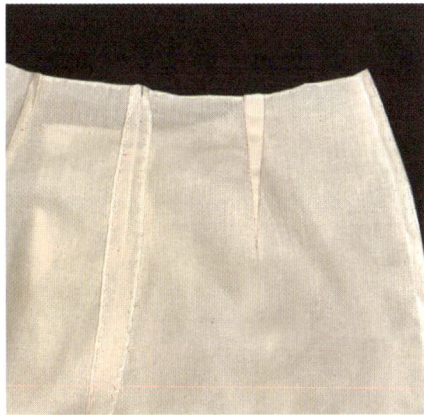

图 3-152　熨烫缝份

6. 缝合内侧缝

前片面料和后片面料正面与正面相对，1cm缝份进行缝合，从裆部到两边裤口位置，需要对位的点按标记点的位置进行对位，起针和止点打倒针固定，缝合后需进行熨烫（图3-153）。

7. 缝合一边外侧缝

缝合裤子左边的外侧缝，右边保留，为后期装拉链提供便利；前片面料和后片面料正面和正面相对，1cm缝份进行缝合；臀围点、膝围点等需要对位的点按标记点的位置进行对位，起针和止点打倒针固定牢固，缝合后需进行熨烫（图3-154）。

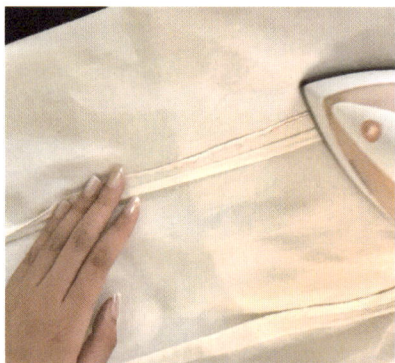

图 3-153　熨烫内侧缝份

图 3-154　缝合外侧缝

8. 缝合腰头

对应两片腰头的面料正面和正面相对，折进1cm缝份进行缝合，缝合完成后修剪缝份至0.5cm，翻转腰头并进行熨烫。随后将腰头外片熨烫折进1cm缝份，腰头里片熨烫折进0.9cm缝份，使得里片比外片宽0.1cm，防止在正面缝合时漏缝里片，然后将腰头外片和里片对折进行熨烫。

熨烫完成后将衣身面料夹缝在腰头中，腰面缉0.1cm明线，按照所做的标记点进行对位，侧缝点和侧缝点对位，后中心点和后中心点对位，右侧缝两边腰头不缝，留出一定距离以便后期上隐形拉链，起针和止点打倒针固定，缝合完成后进行整烫（图3-155～图3-160）。

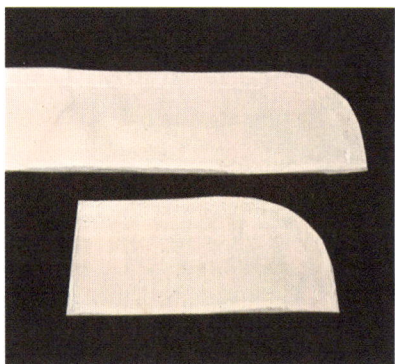

图 3-155　缝腰头片

图 3-156　修剪缝份

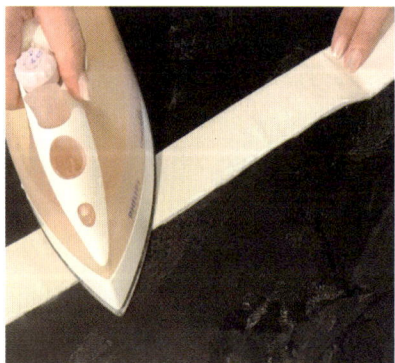

图 3-157　翻转熨烫腰头

图 3-158　熨烫折进1cm

图 3-159　缝合腰头与裤片

图 3-160　腰头完成图

9. 缝合拉链

缝纫机提前换上单边压脚，隐形拉链与裤片正面和正面相对，0.5cm缝份粗缝固定拉链位置，将腰头里片翻转出，使得腰头里片和外片正面与正面相对。夹缝拉链，靠拉链齿边缝合，缝合完成后翻转腰头，并缝合侧缝至裤口处，熨烫整理缝份及正面侧缝（图3-161~图3-164）。

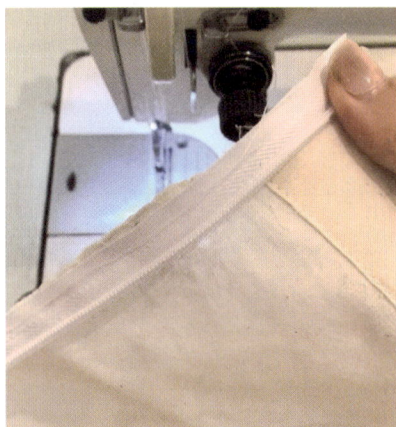

图 3-161　固定拉链与前裤片

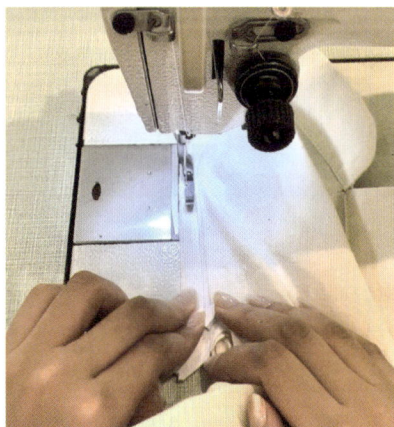

图 3-162　缝拉链及侧缝

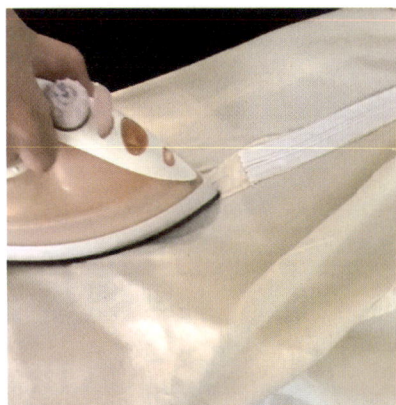

图 3-163　熨烫缝份

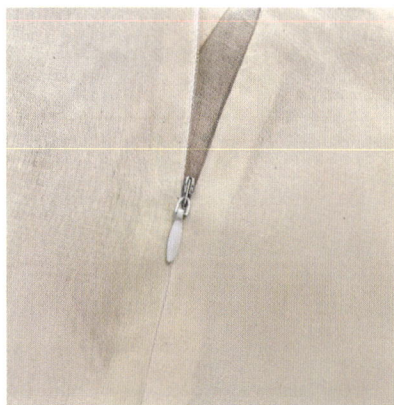

图 3-164　隐形拉链完成图

10. 扣烫缝合裤口

将裤口折进1cm后再折进4cm进行熨烫，熨烫后沿内部边缘缉线0.1cm，缝合后再次熨烫（图3-165~图3-167）。

11. 钉扣

根据裤片标记定位，将盘扣手缝至面料上，缝合时注意尽量将缝线藏在盘扣下，使得装饰扣更加美观（图3-168）。

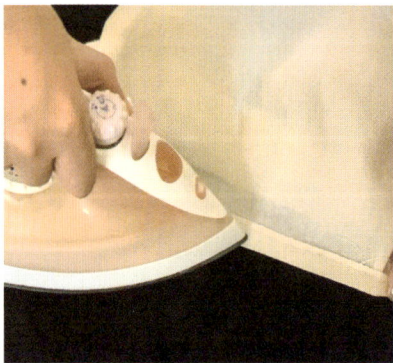
图 3-165　扣烫裤口

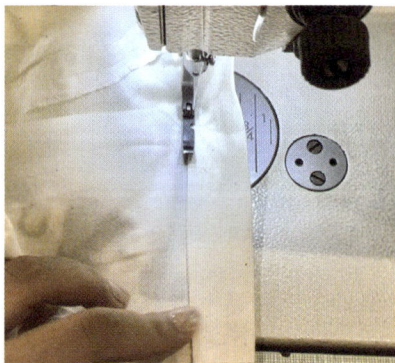
图 3-166　缝合裤口

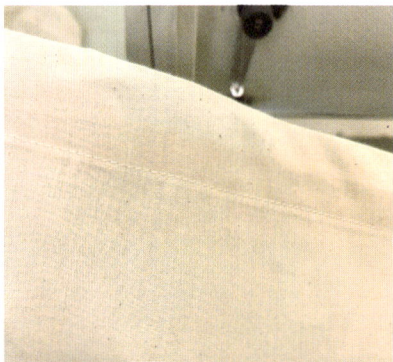
图 3-167　裤口完成图

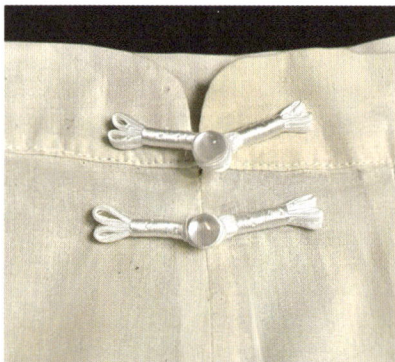
图 3-168　手缝盘扣完成图

12. 熨烫整理

对裤装进行整烫，完成效果如图3-169、图3-170所示。

图 3-169　新中式裤装正面图

图 3-170　新中式裤装背面图

第四章

新中式服装设计立体裁剪及实例

新中式服装不仅继承了中华传统服饰的文化精髓，还融入了现代设计理念，使其既具古典韵味，又富有时尚感。立体裁剪技术的应用成为新中式服装设计的重要环节，是其实现创意设计和舒适穿着的关键。立体裁剪与平面裁剪相比，具有更直观、更灵活、更贴合人体的优势，不仅能够更好地展现传统服饰的线条美和装饰艺术，还能够通过现代技术实现服装的创新与突破。本章通过具体的案例实操，讲解新中式服装立体裁剪过程中的技术要点，帮助读者由浅入深地理解和掌握新中式服装立体裁剪的技巧。

第一节　新中式衬衫立体裁剪及实例

新中式衬衫作为现代服饰中融入传统元素的代表，在设计上既保留了中华传统服饰的典雅风韵，又融合了现代裁剪的时尚元素，使其成为众多服装设计师和时尚爱好者青睐的对象。本节深入探讨新中式衬衫的款式特点，并通过具体实例详细解析其设计与立体剪裁过程。

■ 一、新中式衬衫款式特点

新中式衬衫通常融合了传统中式服饰的元素，如交、立领，直、对襟，连裁袖衫等；同时采用现代时尚设计与裁剪手法，不仅保留了传统文化的底蕴，也符合当代人的审美和穿着需求。以下是新中式衬衫裁剪的主要特点分析。

（一）廓形设计

新中式衬衫在裁剪上追求合身但不过于紧身的效果，既能展现人体轮廓，又能保证穿着者舒适。通常追求简洁、流畅的线条，整体轮廓较为平整雅致，避免过于繁复的设计，强调自然和谐之美。

1. 松弛阔身

通过使用宽松的剪裁和面料，新中式衬衫呈现出悠然自得的感觉，使穿着者感到舒适、自在。阔身衬衫的设计通常采用直线或轻微的A字形剪裁，创造出自然垂坠的效果。这种流畅的线条使得衬衫在穿着时不贴身，还能很好地修饰身形，适合各种体形的人穿着，尤其适合追求舒适与时尚的都市人群。垂荡褶皱的设计元素可以增加衣物的流动感和层次感，为整体造型增添一份轻盈的韵味（图4-1）。

图 4-1　松弛阔身衬衫（设计师：何玉琼）

2. 扭褶收腰

扭褶收腰的廓形设计强调腰部的收紧和褶皱的装饰。这种设计通过布料的交错或捻转，形成自然的褶皱，增加了服装的层次感和立体感。扭褶的存在使衬衫从普通的款式中脱颖而出，增添了视觉上的趣味性。不对称式的设计突出了不对称的褶皱布局。通过将褶皱设计偏移到一侧，创造出一种富有动态感和独特性的效果，并且能够凸显腰部的纤细感，塑造出沙漏形的身材轮廓，展现出女性优美的曲线。对于希望展现腰线的穿着者来说，这种设计非常理想。这样的设计元素赋予了新中式衬衫一种不对称美感，增添了随性纤细的文艺气质（图4-2）。

图4-2　扭褶收腰衬衫

（二）肩袖设计

新中式衬衫采用落肩设计，可以使肩部线条显得更加自然柔和，与传统中式服装的宽松舒适感相呼应。在肩部和背部的裁剪上，新中式衬衫还可以加入一些褶皱或拼接设计，以增加服装的立体感和舒适性。这些细节处理能够更好地适应人体的活动需求，同时也丰富了视觉效果。

1. 茧型蓬袖

茧型蓬袖强调袖型的蓬松感和立体感，设计灵感来自蚕茧的形状，整体呈现出一种宽大、圆润的廓形。袖子的上部和中部非常宽松，逐渐在袖口处收紧，形成类似茧壳的外形。这种廓形设计使袖子看起来非常饱满，有立体感，展现出一种现代感十足的时尚风格。茧型蓬袖的宽松设计通常从肩部开始延展，凸显肩部的线条，同时为手臂提供了足够的空间。这种设计可以很好地修饰肩膀和上臂的线条，尤其适合肩膀较窄或手臂较细的穿着者，使其看起来更加协调和丰满。这种设计元素为衬衫带来一份趣味和浪漫的气息，可以通过选择具有质感和结构感的材质，突出轮廓的清晰性和线条的几何感，为整体造型增添一份摩登浪漫感（图4-3）。

2. 宽肩羊腿袖

宽肩羊腿袖的廓形设计强调肩部线条的宽广和袖口的蓬松感。羊腿袖的设计特点是袖子上宽下窄，像羊腿的形状，故名为"羊腿袖"。这种袖型在肩部和上臂部分较为宽松，到了袖口部分逐渐收紧，形成明显的对比。加宽肩部的剪裁和设计，可以营

图4-3　茧型蓬袖衬衫

造一种优雅、宽松的效果，为整体造型增添一份雅致与庄重，也可以很好地修饰上臂和肩部线条，尤其适合肩部较宽或上臂较粗的穿着者。袖子的宽松感增加了上半身的立体感，而袖口的收紧则使得手腕显得更加纤细，这种对比效果能巧妙地平衡身材比例，展现出优雅的女性曲线。将中式和西式元素相结合，例如中式的领口和门襟设计、提花面料等，能营造出汉洋折衷的设计效果（图4-4）。

图4-4　宽肩羊腿袖衬衫

（三）领型设计

1. 立领

立领是新中式衬衫常见的设计元素之一，这种设计是从中式长衫和唐装中借鉴而来的。在传统的中式长衫、马褂、旗袍等服饰中，立领常常作为重要的设计元素，传递出一种优雅与端庄的气质。立领不仅是中式服装的象征，也逐渐成为现代新中式服装的特色之一。

立领的设计通常简洁，不需要复杂的装饰便能体现出服装的高级感。它不需要如翻领设计那样复杂的层叠结构，因此具有更

图4-5　新中式衬衫立领设计

清爽、利落的外观。立领在设计上多与盘扣、刺绣等中式元素相搭配，进一步增强其装饰效果，同时保持整体的简约美感。与普通圆领相比，立领的高度和形状可能有所变化，通过将领口直立起来，形成一种挺拔的视觉效果。这种设计使得穿着者的颈部线条显得更加修长，整体造型也更加精神利落。立领的挺拔感能增强穿着者的自信，给人以干练、沉稳的印象，同时又带有浓郁的东方韵味（图4-5）。

2. 交领

交领源自传统的汉服左右交衽，强调领口的交叉和系带的装饰，融合了传统中式服饰元素和现代时尚设计的领型，通常出现在现代汉服、唐装、旗袍等改良款式中。

交领的最大特点在于其领口部分的交叉设计，领口的两边在前胸处交叉并折叠，使得领部呈现出V字形。这种设计不仅具有装饰性，而且还在视觉上拉长了颈部线条，显得颈部更加修长优雅。通过将衣领交叉叠合，形成独特的领口形状，使用系带进行束缚，打结的方式增添了一份雅致和装饰感。交领通常还会搭配一些传统的装饰元素，如盘扣、刺绣等。盘扣常被设置在交领的交叉点处，既起到固定作用，又为整体造型增添了

中式的典雅气质。刺绣则常见于领口、袖口或衣襟上，图案多为传统的花鸟、云纹等，增添了服装的文化厚重感与艺术美感。这样的设计不仅赋予了衬衫独特的视觉效果，还展现出中式传统与现代廓形相结合的特点（图4-6）。

图4-6　新中式衬衫交领设计

（四）细节设计

新中式衬衫下摆设计大多为直筒形，也有略微弧形的，视具体款式而定。直筒形下摆显得简洁大方，弧形下摆则多了一些动态和灵动。在侧面或前后下摆处加入开衩设计，这不仅增加了活动的灵活性，还增添了一些设计感和层次感。有些新中式衬衫会配有腰带或腰封，起到装饰作用的同时也可以收紧腰身，凸显身材曲线。腰带的设计通常简单大方，可以是同色系的面料，也可以是对比色的丝带，增加视觉效果。

■ 二、新中式衬衫立体裁剪步骤详解

（一）新中式斜襟收腰衬衫

1. 白坯准备

①上衣身长度：依照设计的衣长，从侧颈点通过乳尖点再到腰围线，上下各加3~5cm的粗裁量。

②上衣身宽度：依照设计的衣身宽，中心线往外加10cm、胁边线往外加8cm的粗裁量。

③上衣身基准线：前中心线和胸围线用红笔画线。

2. 立体裁剪步骤

①用标示带在人台上贴出所需要的前衣片造型线（图4-7）。

②坯布上所画的前中心线、胸围线需与人台上的前中心线、胸围线对齐，依次用珠针以V形固定于肩线以及前中

新中式斜襟收腰衬衫
立裁视频解析

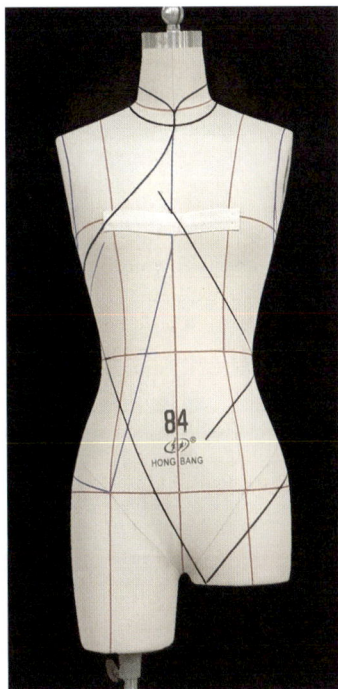

图4-7　造型线标示

心线与领围线的交叉处（图4-8）。

③将领口打上剪口抚平，同时将胸省转移到腋下，用珠针固定（图4-9）。

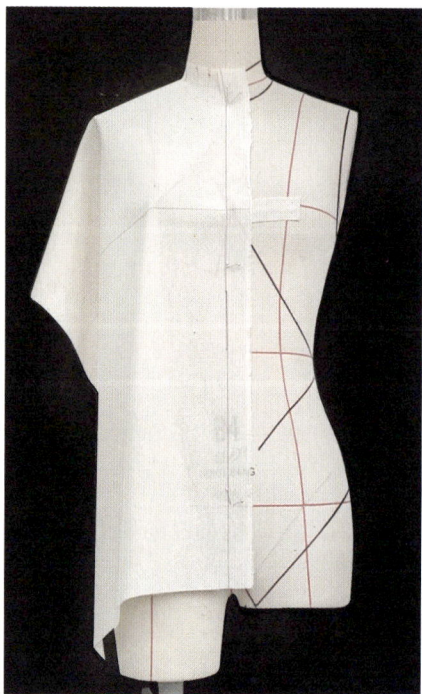

图4-8　初步固定

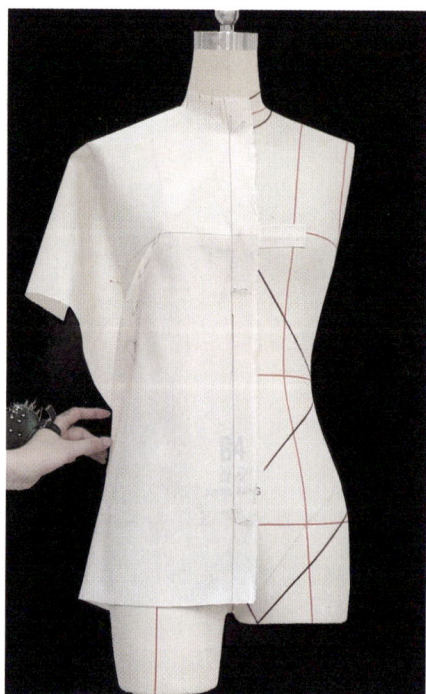

图4-9　胸省转移

④用标记线贴出肩线、袖口线和前衣片造型线（图4-10~图4-12）。

⑤将右衣片固定，将省道全部转移至腰节处，余量捏成随机褶皱，修剪多余的面料（图4-13~图4-15）。

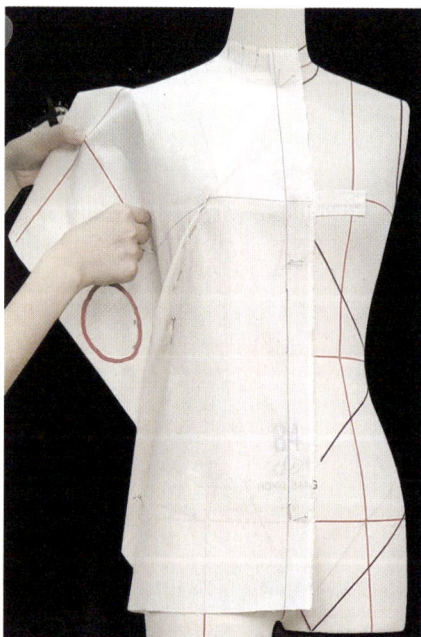

图4-10　袖口造型线标示

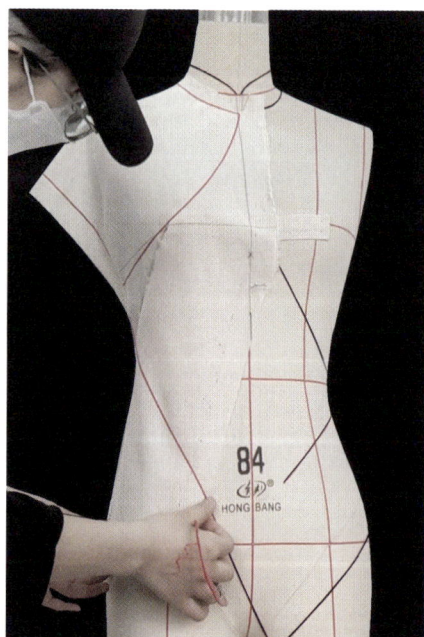

图4-11　下摆造型线标示

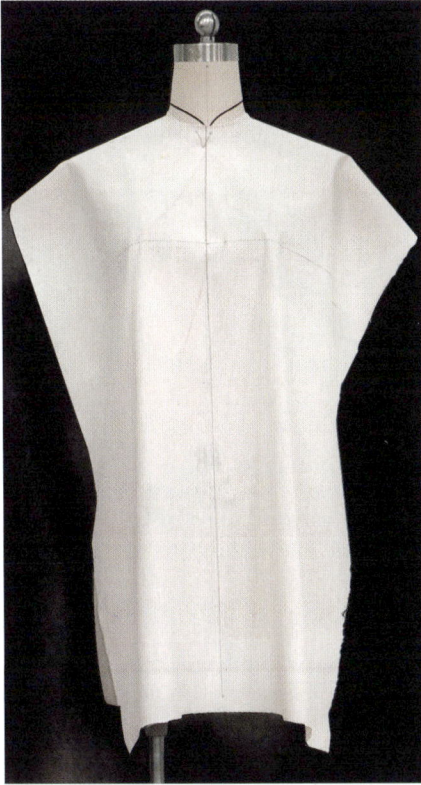

图 4-12　左衣片固定

图 4-13　腰部余量捏褶

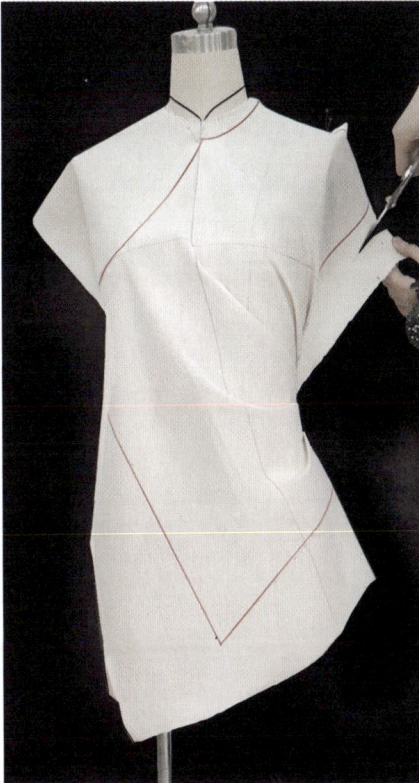

图 4-14　多余面料修剪

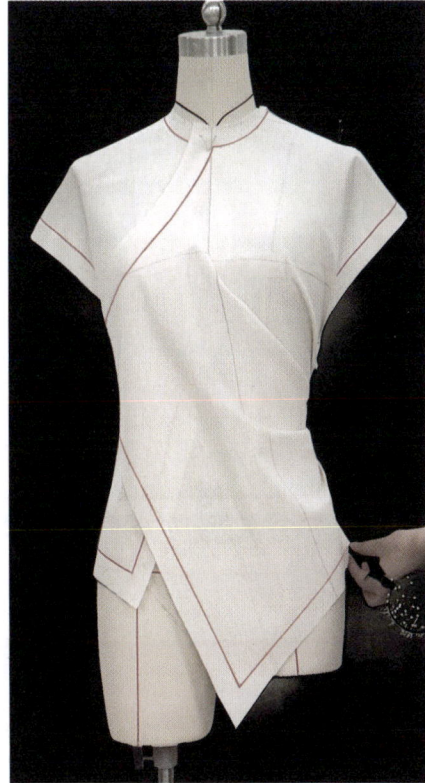

图 4-15　修剪完成

⑥制作背面，将坯布上所画的后中心线和胸围线对齐人台上的后中心线和胸围线，依次用珠针以V形固定（图4-16）。

⑦肩省留出量用珠针固定，掐别出腰省，确保衣身服帖（图4-17、图4-18）。

⑧将前后衣片侧缝拼合，修剪形状和缝份，完成衣身裁剪（图4-19~图4-21）。

图4-16　后中固定

图4-17　掐别腰省

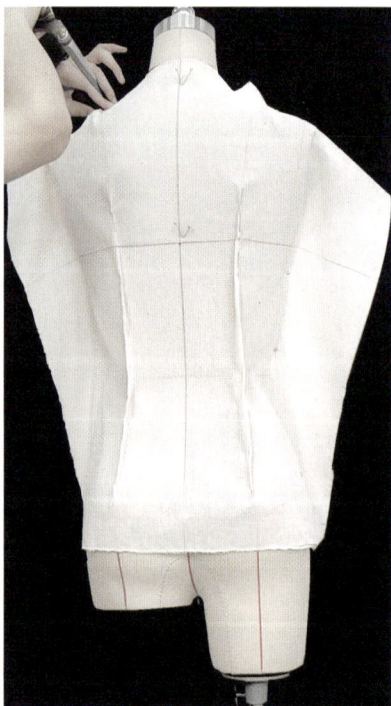

图4-18　掐别肩省

图4-19　前后衣片拼合

图 4-20　修剪袖口造型

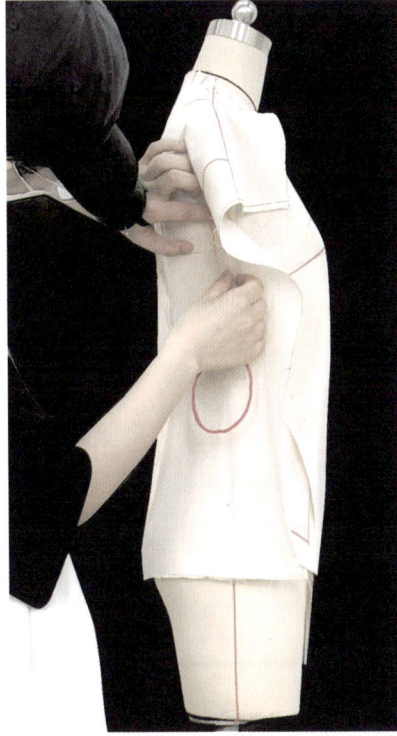

图 4-21　标示袖口造型线

⑨制作立领。将后中线与人台对齐，一手牵拉布片，一手打剪口，确保领口服帖（图4-22、图4-23）。

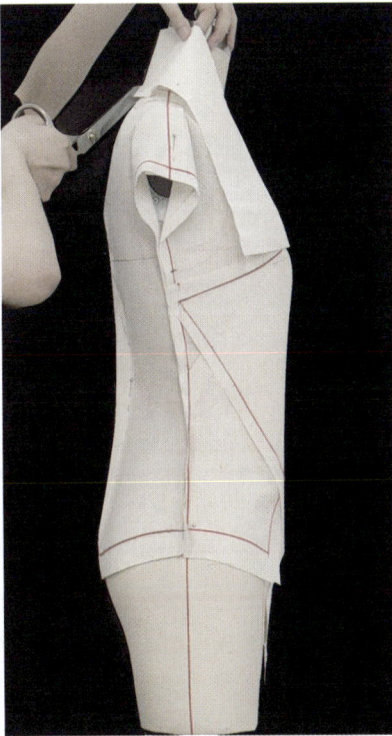

图 4-22　制作立领

图 4-23　领底多余面料修剪

⑩取下衣片进行修剪、假缝，完成制作（图4-24~图4-27）。

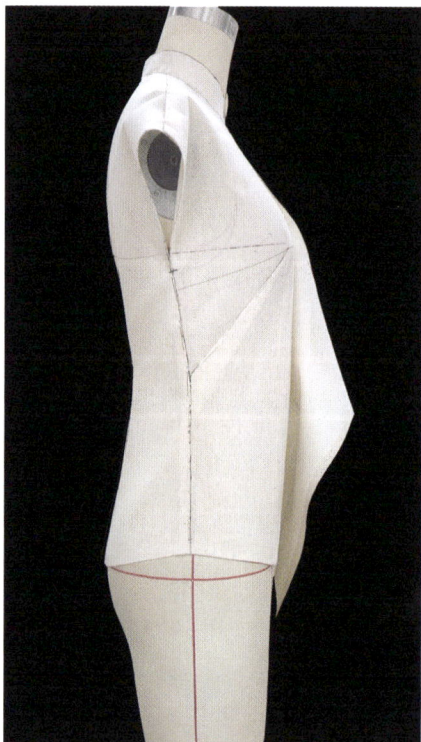

图4-24　假缝完成图（右）

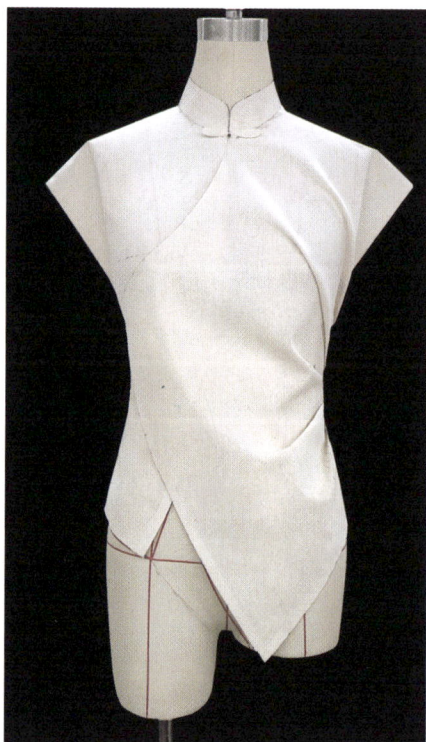

图4-25　假缝完成图（正）

图4-26　假缝完成图（左）

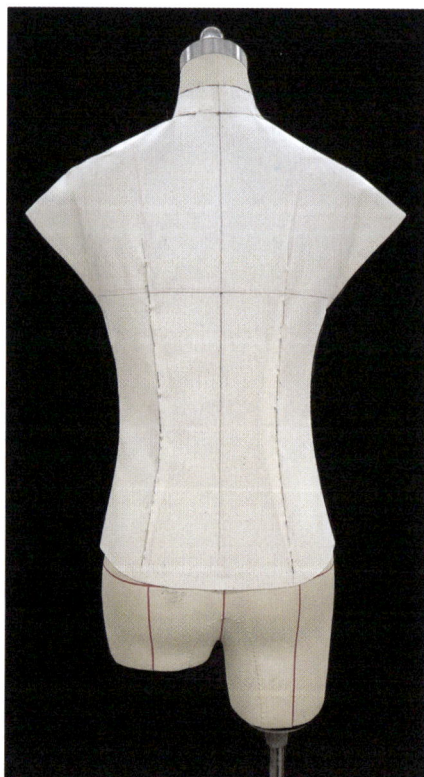

图4-27　假缝完成图（背）

（二）新中式交领连袖衬衫

1. 白坯准备

①上衣身长度：依照设计的衣长，从侧颈点通过乳尖点再到腰围线，上下各加3～5cm的粗裁量。

②上衣身宽度：依照设计的衣身宽，中心线往外加10cm、胁边线往外加8cm的粗裁量。

③上衣身基准线：前中心线和胸围线用红笔画线。

2. 立体裁剪步骤

①在人台上装上右手臂，同时用标示带贴出所需要的造型线（图4-28）。

②坯布上所画的前中心线和胸围线需对齐人台上的前中心线和胸围线，依次用珠针以V形固定于前中心线与领围线的交叉处以及肩线处（图4-29）。

③将领口处打上剪口并推平衣片，在腰节线往上5cm处将腋下点固定。将手臂抬至45°，布片与袖中线固定，用标示带贴出侧缝线以及连袖的形状（图4-30）。

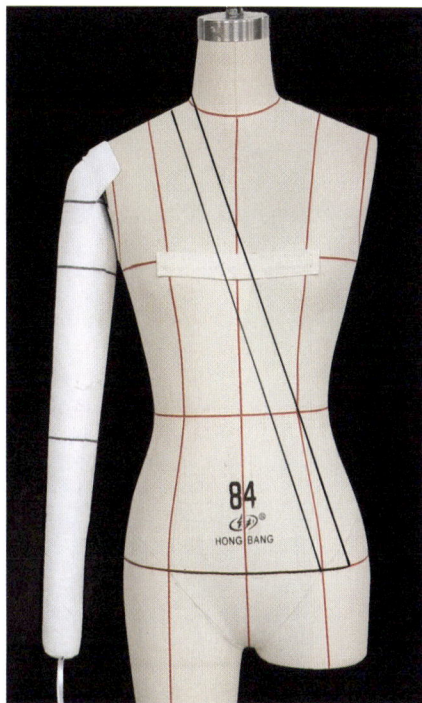

图4-28　造型线标示

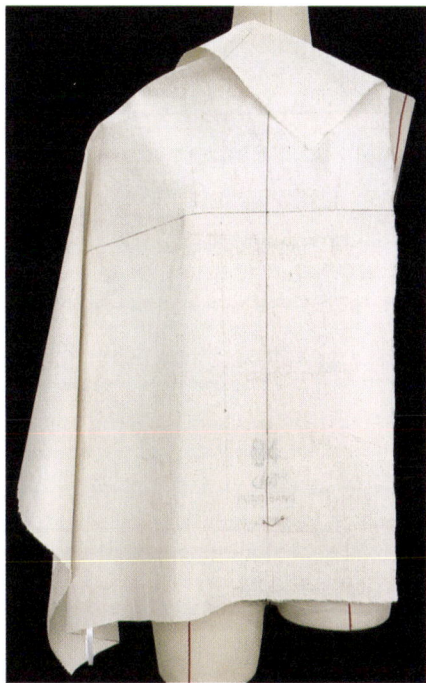

图4-29　前衣片固定

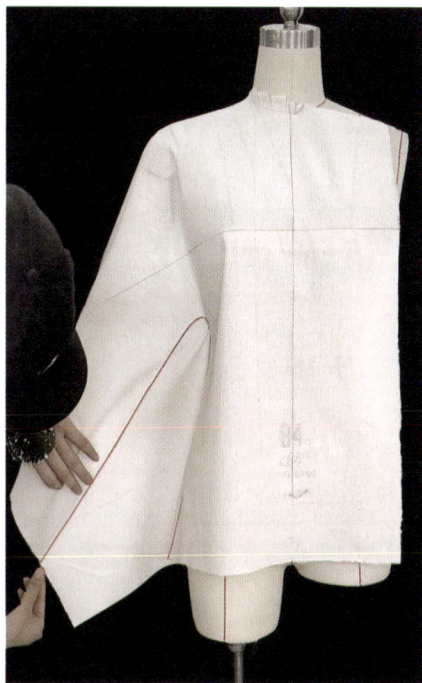

图4-30　连袖造型线标示

④贴出前衣片造型线后修剪多余布片及缝份（图4-31、图4-32）。

⑤将坯布上所画的后中心线和胸围线对齐人台上的后中心线和胸围线，依次用珠针以V形固定（图4-33、图4-34）。

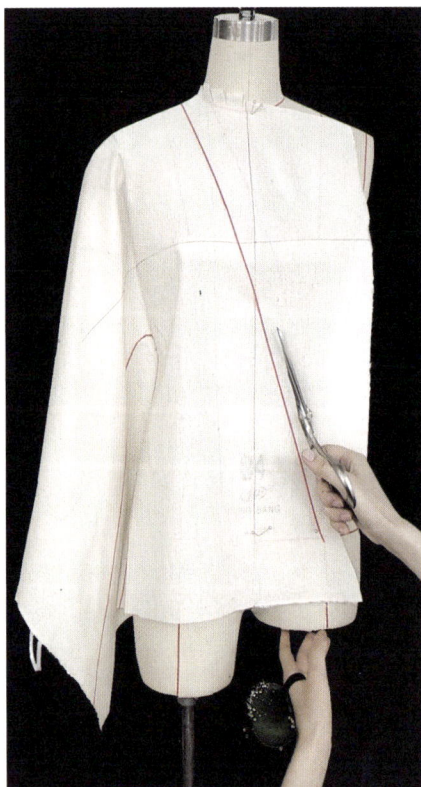

图 4-31　修剪多余面料

图 4-32　标示前衣片造型线

图 4-33　固定后衣片

图 4-34　修剪连袖形状

⑥后袖片同前片裁剪方法，将前后衣片按肩线-袖中线-侧缝线拼合（图4-35）。

⑦将后中线与人台对齐，一手牵拉布片，一手打剪口，确保领口、衣身平整，并用高消笔画出记号线（图4-36~图4-39）。

⑧取下衣片进行修剪、假缝，完成制作（图4-40~图4-42）。

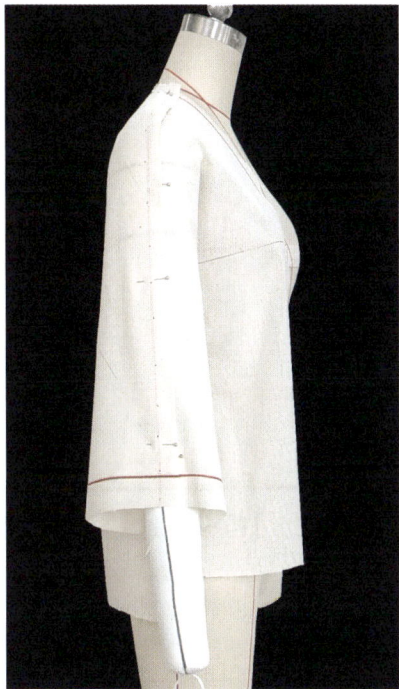

图 4-35　前后袖片拼合

图 4-36　固定领片后中线

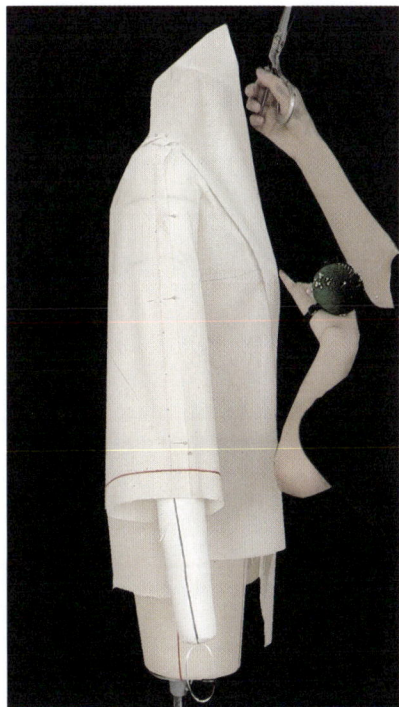

图 4-37　牵拉布片打剪口

图 4-38　衣领与衣身拼合

图 4-39　高消笔标示造型线

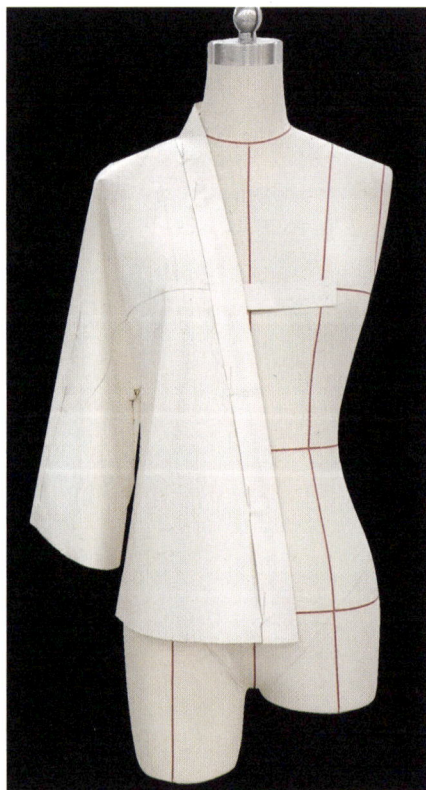

图 4-40　假缝完成图（正）

图 4-41　假缝完成图（侧）

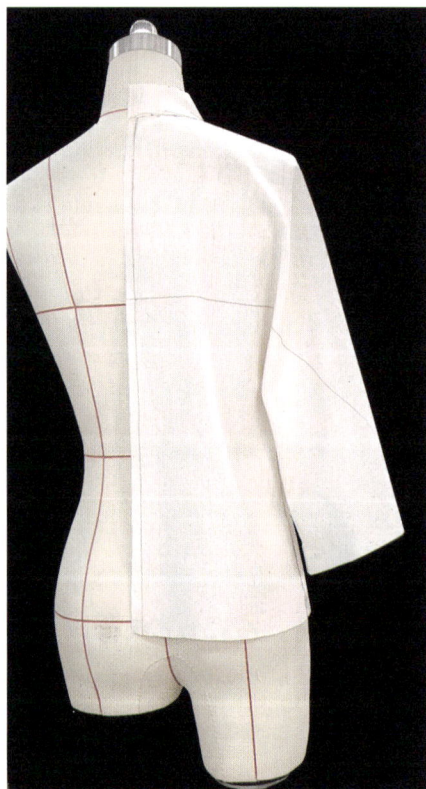

图 4-42　假缝完成图（背）

第二节　新中式半裙立体裁剪及实例

新中式半裙是一种将传统中式元素与现代设计相结合的裙装，兼具优雅与时尚感。新中式半裙注重实用性与舒适性的结合，这也是其受欢迎的重要原因之一。设计师们在保持传统美学的同时，充分考虑到现代人的生活方式和穿着需求。本节将深入探讨新中式半裙的款式特点，并通过具体实例详细解析其设计与立体裁剪过程。

■ 一、新中式半裙款式特点

新中式半裙在版型设计上非常多样化，既有宽松舒适的款式，也有修身的剪裁，以满足不同场合和不同人群的需求。在设计上注重创新与传承的平衡。通过对传统中式元素的重新诠释和现代化的演绎，既保留了传统服饰的经典特色，又赋予其新的生命力和时尚感，使其在现代服饰中脱颖而出。

（一）A字型半裙

A字型半裙的剪裁特点是自腰部至裙摆逐渐展开，形成类似字母A的形状。这样能够很好地修饰腰臀线条，拉长腿部比例，适合多种身材的女性穿着。A字型设计使裙摆具有一定的宽松度，穿着时既不会紧绷，又能保持优雅的线条感。行走间，裙摆轻轻摆动，增添了一份灵动与轻盈。

受传统中式服装影响，新中式A字型半裙常采用对称设计，如左右对称的刺绣或开衩设计，增强了整体的协调感和视觉平衡感。在腰部或裙身设计中，可以加入盘扣、绳结等中式元素，增加传统风格的装饰性，同时也展现出独特的文化底蕴。通常在裙摆或裙身上运用精致的中式刺绣图案，如花鸟、祥云、梅兰竹菊等。这些图案不仅丰富了视觉效果，还传达了东方的美学意蕴（图4-43）。

图4-43　新中式A字型半裙

（二）直筒裙

新中式直筒裙的剪裁特点是从腰部到裙摆的线条几乎垂直，没有明显的扩展或收缩，形成一个直筒。这种设计能够很好地修饰身材线条，给人一种干练、优雅的感觉。由于直筒裙的剪裁不强调腰臀曲线，所以适合多种身材类型的女性穿着，既可以展现高挑纤细的身形，也能对身体外形进行适度的包容。在腰部或侧缝处，设计师常常加入盘扣、绳结等中式细节。这些元素不仅增加了裙子的装饰性，还传递出浓厚的东方韵味。新中式直筒裙不仅具有很强的装饰性，同时也十分注重实用性。无论是日常工作还是参加聚会，都能使穿着者展现出得体与优雅的风貌（图4-44）。

图 4-44　新中式直筒裙

■ 二、新中式半裙立体裁剪步骤详解

（一）新中式直筒一步裙

1. 白坯准备

①长度：依照设计的裙长，腰围线往上加3~5cm、裙长往下加5~7cm的粗裁量。

②宽度：依照设计的裙摆宽，胁边线往外加5cm的粗裁量。

③基准线：前中心线和臀围线用高消笔画线。

2. 立裁步骤

①用标示带在人台上贴出所需要的造型线（图4-45）。

②坯布上所画的基准线对齐人台上的前中心线和臀围线，依次用珠针以V形固定前中心线与腰围线、臀围线（图4-46）。

③腰围松量捏出省道，省长是腰围到臀围距离的一半，用珠针抓别法固定省道（省道的别法：确定省道宽后用抓别法固定，确定裙长后，省尖点用珠针横别，上下顺平后用抓别法固定）。观察省道的位置、省宽、省长、省向是否美观与均衡（图4-47）。

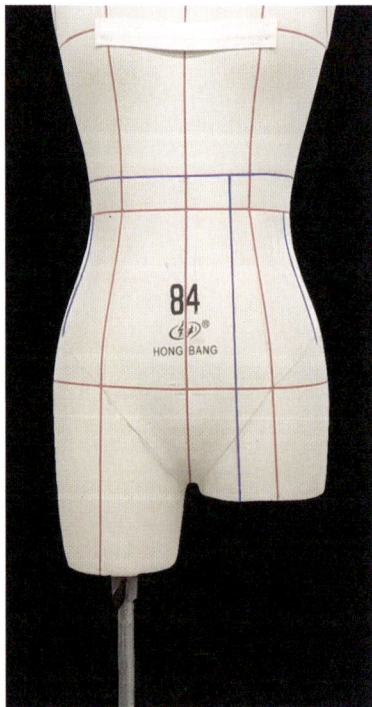

图 4-45　标示造型线

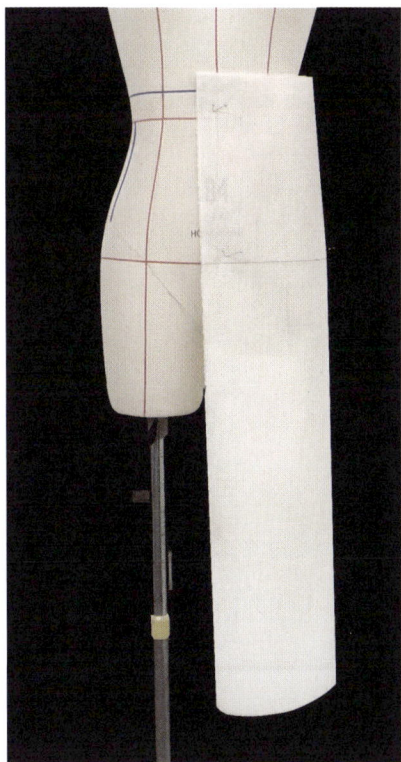

图 4-46　固定前裙片

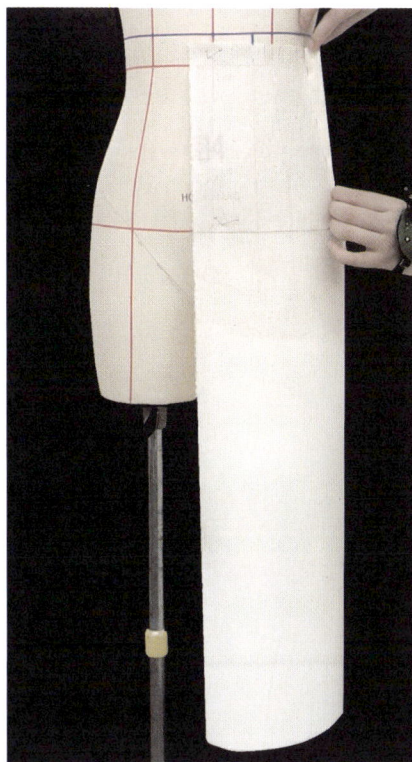

图 4-47　掐别腰省

④ 在腰节处打上剪口，使腰部平整，同时用标记带贴出造型线（图4-48、图4-49）。

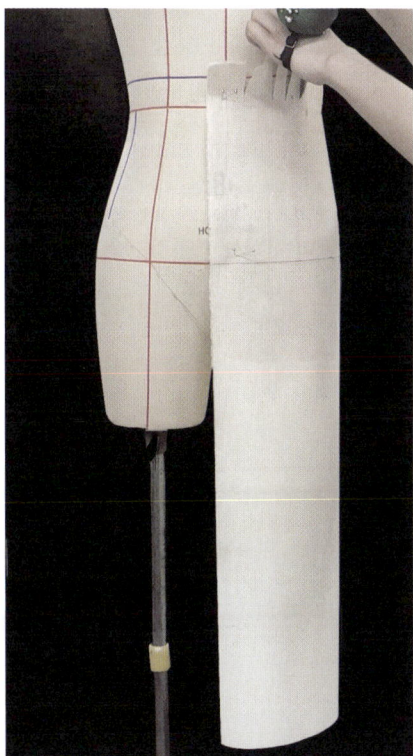

图 4-48　腰部打剪口

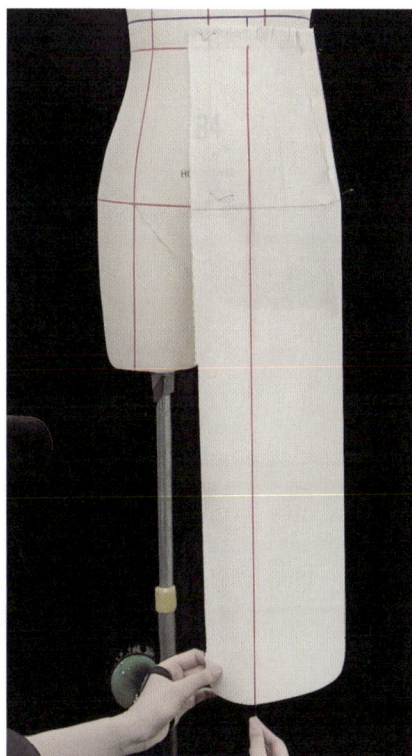

图 4-49　标示左裙片造型线

⑤右裙片同上方法，用标记带贴出造型线、侧缝线（图4-50~图4-52）。

⑥坯布上所画的后中心线和臀围线需对齐人台上的后中心线和臀围线，依次用珠针以V形固定后中心线与腰围线、臀围线，用抓别法在腰围处捏出省道（图4-53、图4-54）。

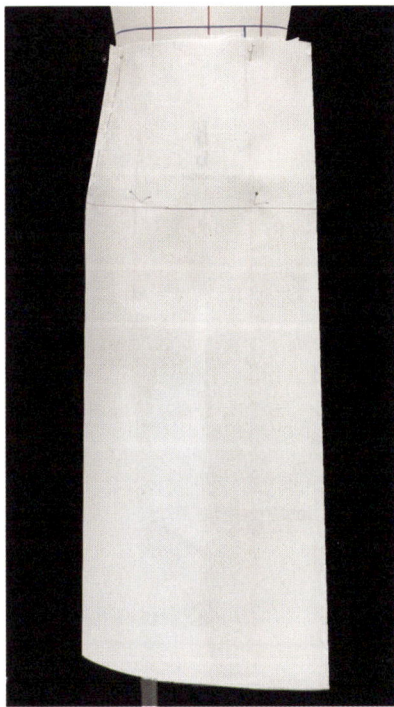

图4-50　固定右裙片并掐别腰省

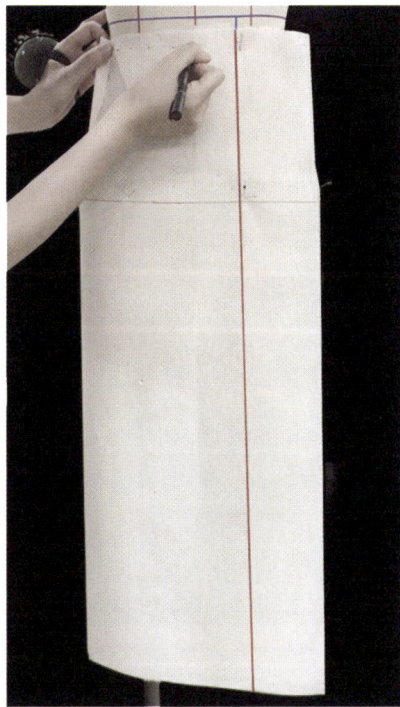

图4-51　高消笔标示造型线

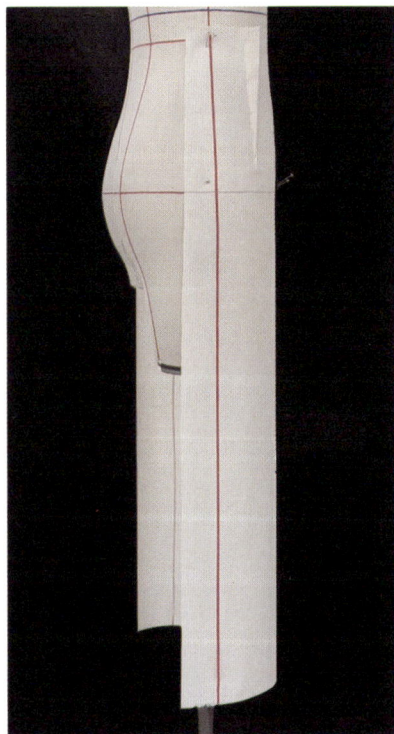

图4-52　标示侧缝线并修剪

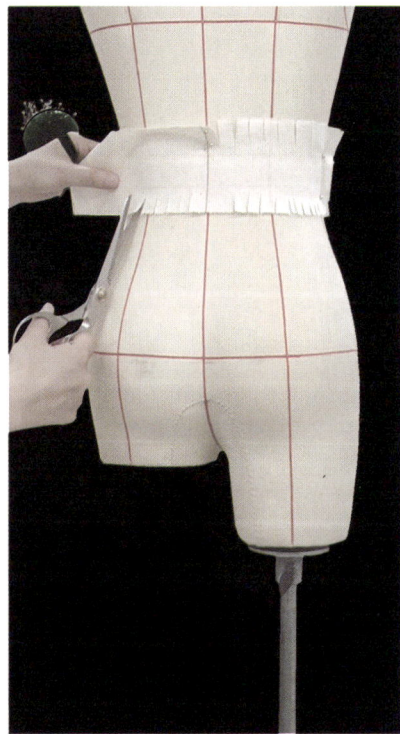

图4-53　制作腰带

⑦将腰带布片中心线对准人台中心线，并在腰围处打上剪口使其平整（图4-55、图4-56）。

⑧取下裙片进行修剪、假缝，完成制作（图4-57~图4-59）。

图 4-54　固定后裙片

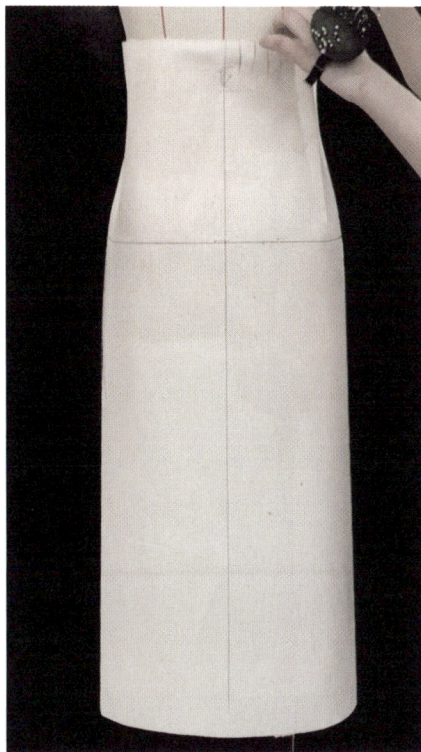

图 4-55　掐别腰省

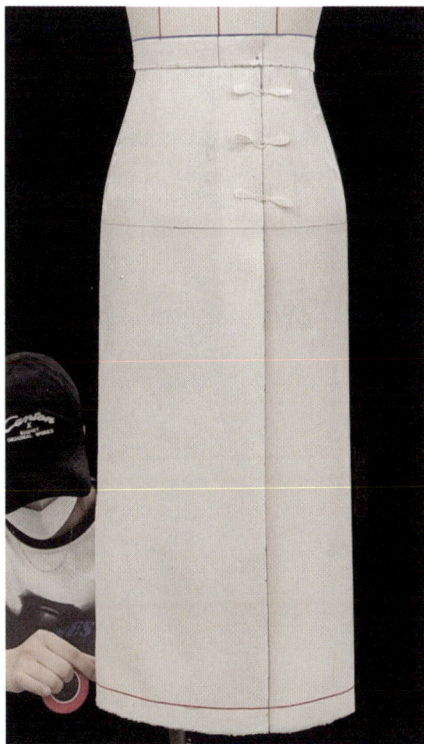

图 4-56　修剪多余面料

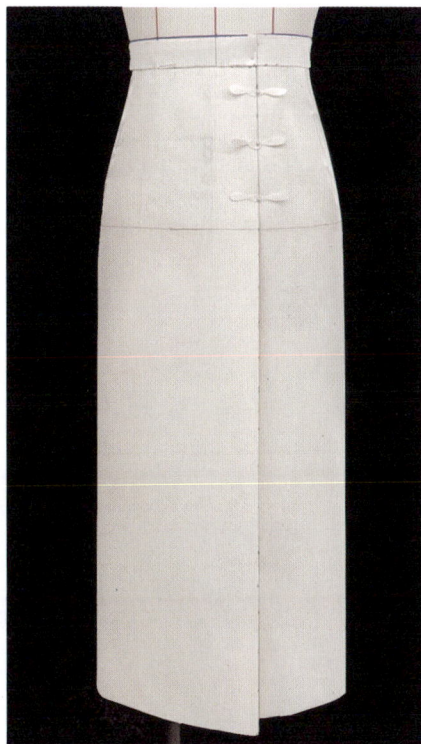

图 4-57　假缝完成图（正）

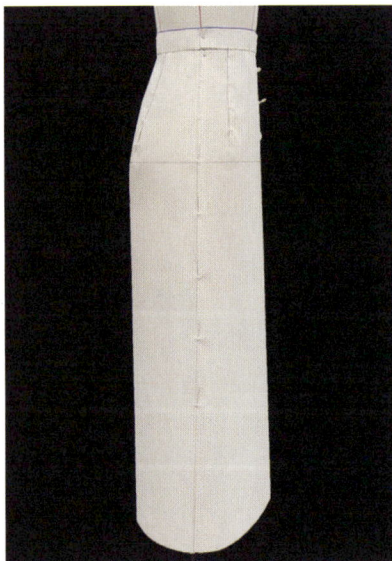

图 4-58　假缝完成图（侧）

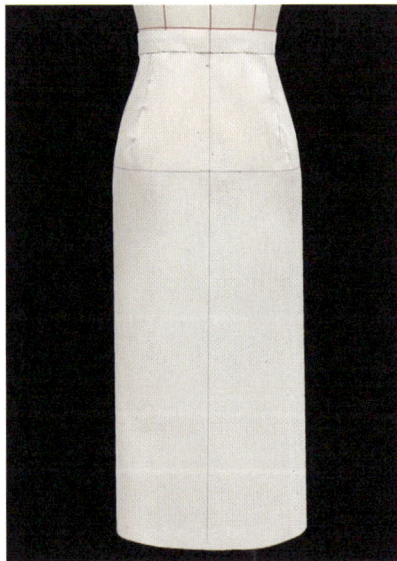

图 4-59　假缝完成图（背）

（二）新中式波浪半身裙

1. 白坯准备

①长度：依照设计的裙长，腰围线往上加20~25cm，裙长往下加5~7cm的粗裁量。

②宽度：依照设计的裙摆宽，中心线往外加6cm，胁边线往外加5cm的粗裁量。

③基准线：前中心线和臀围线用高消笔画线。

2. 立裁步骤

①用标示带在人台上贴出所需要的裙片造型线（图4-60）。

②坯布上所画的前中心线和臀围线需对齐人台上的前中心线和臀围线，依次用珠针以V形固定前中心线与腰围线、臀围线（图4-61）。

新中式波浪半身裙
立裁视频解析

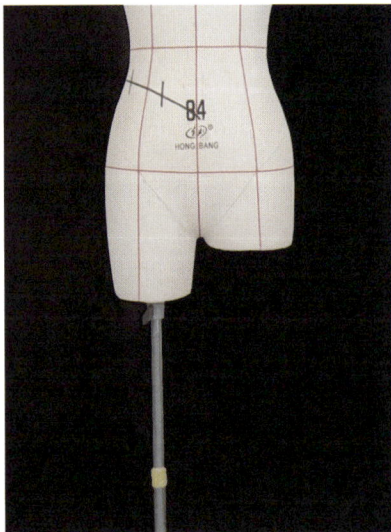

图 4-60　造型线标示

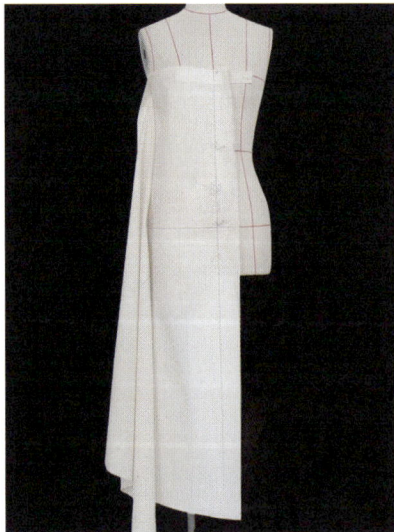

图 4-61　前裙片固定

③沿造型线修剪至第一个波浪位置，对应交叉针固定处剪纵向刀口（图4-62、图4-63）。

图 4-62　修剪至第一个波浪点　　　图 4-63　纵向打刀口

④旋转布片设置波浪量，注意观察波浪量的大小，要根据造型特征以及面料特性设定（图4-64）。

⑤抚平腰部，交叉针固定第二个、第三个波浪位置，沿造型线修剪至波浪位置，对应波浪位置剪刀口，旋转用布设置波浪（图4-65）。

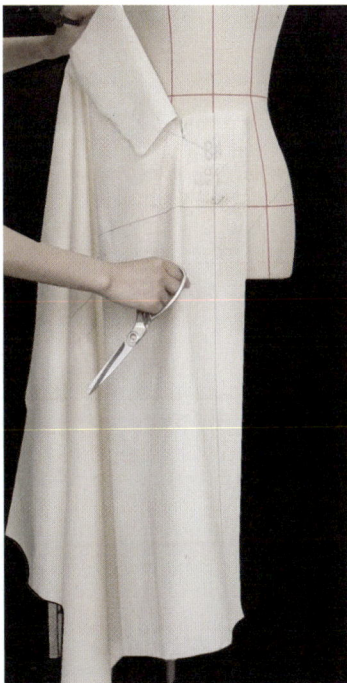

图 4-64　设置波浪大小　　　图 4-65　依次完成余下波浪

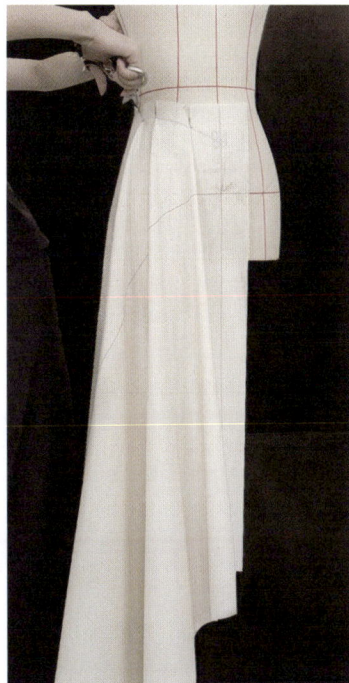

⑥继续操作至侧缝位置，用标示带贴置侧缝线和前裙片造型线（图4-66）。

⑦适当修剪侧缝和底边，观察波浪造型，如有需要可适当调整。前裙片粗裁完成（图4-67、图4-68）。

⑧将后片用布固定于人台，同前片方法操作（图4-69、图4-70）。

图4-66　标示侧缝线与前裙片造型线

图4-67　修剪前裙片底边与侧缝

图4-68　前裙片粗裁完成图

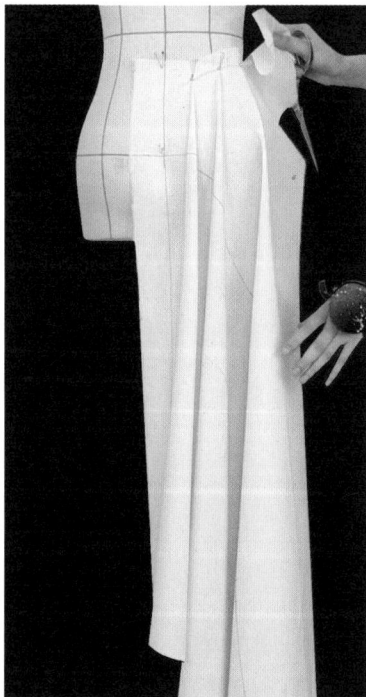

图4-69　制作后裙线波浪

⑨注意各波浪量的平衡以及前、后片造型的协调，别合侧缝（图4-71）。

⑩将腰封中心线对准人台中心线，根据造型线裁剪并打上剪口，使腰部平整（图4-72~图4-74）。

⑪取下衣片进行修剪、假缝，完成制作（图4-75~图4-77）。

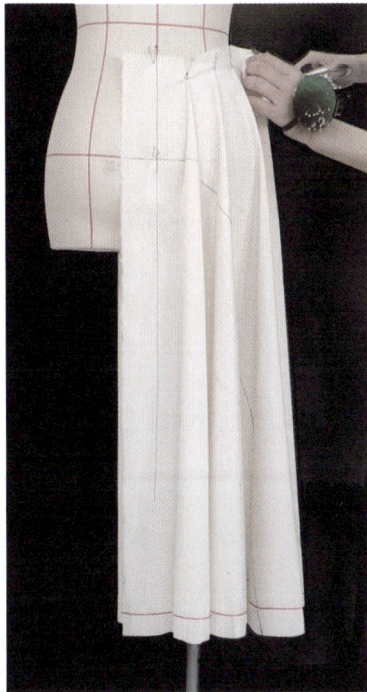

图 4-70　修剪后裙片底边与侧缝

图 4-71　拼合前后裙片

图 4-72　固定腰封布片

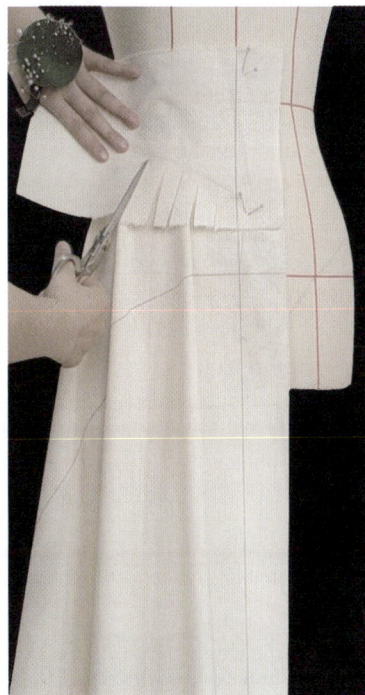

图 4-73　根据造型线打刀口

图 4-74　高消笔标示造型线

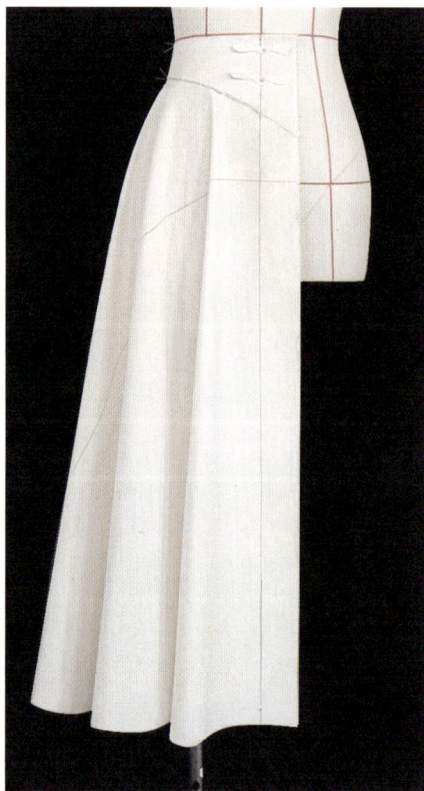

图 4-75　假缝完成图（正）

图 4-76　假缝完成图（侧）

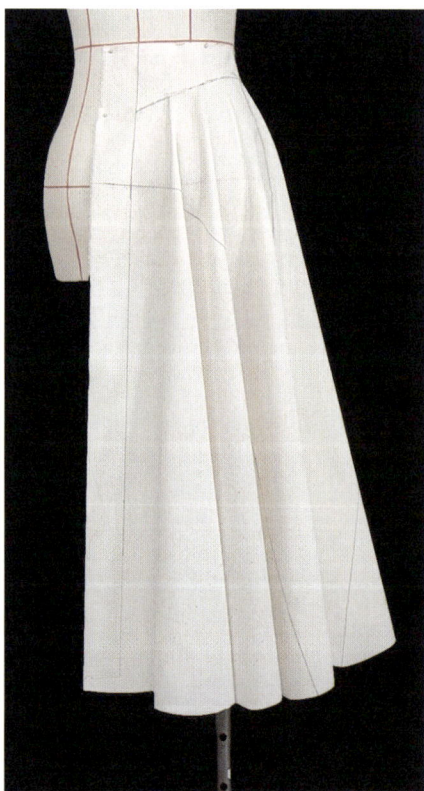

图 4-77　假缝完成图（背）

第三节　新中式礼服立体裁剪及实例

新中式礼服在裁剪上注重中式结构与西式裁剪方式的结合运用，传统中式服装多采用直线裁剪，而新中式礼服在此基础上增加了曲线裁剪，使礼服更加贴合身体曲线，既有传统中式服饰的优雅庄重，又具现代服饰的新潮时尚。

一、新中式礼服款式特点分析

（一）修身廓形

修身廓形是新中式礼服中常见的一种设计，它强调服装与人体曲线的贴合，通过精致的剪裁展现出穿着者的优美身姿。修身廓形的设计通常在腰部、胸部和臀部等部位进行细致的裁剪，使礼服能够紧贴身体曲线，塑造出纤细的腰身和优雅的体态。

修身廓形的新中式礼服通常采用高腰设计，腰线位置抬高，使腿部显得更为修长，整体身材比例更加完美。这样的设计不仅修饰了穿着者的身材，还增加了高贵感。礼服的设计常融入中式盘扣、立领等经典元素，增加了东方韵味，同时也显得端庄典雅。这些细节不仅是装饰，更体现了传统文化的传承。在腰部设计上，可以使用腰带、腰封或刺绣装饰，进一步突出腰部线条，同时也增加了礼服的层次感（图4-78）。

图4-78　修身廓形款新中式礼服

（二）宽松廓形

与修身廓形相对，宽松廓形的新中式礼服在设计上更加注重舒适性和自由度。宽松的设计使得礼服在穿着时更加轻松自如，适合各种体形的穿着者。宽松廓形的礼服通常采用宽大的袖子、宽松的腰身设计，配以垂坠感较好的面料，既保留了中式服装的典雅风格，又兼顾了现代时尚的舒适性。例如，宽松的中式长袍礼服，通过宽大的衣身和袖口设计，展现出大气、典雅的气质。

（三）A字廓形

A字廓形是一种经典的礼服设计，通过从腰部向下逐渐扩大的剪裁方式，使礼服呈现出类似字母A的形状。这种廓形设计能够很好地掩饰腰形和臀形的不足，同时展现出优美的裙摆线条。A字廓形的新中式礼服通常采用高腰设计，使得腿部线条显得更加修长。例如，图4-79中的新中式A字廓形款旗袍礼服，通过高腰和A字裙摆的设计，使得整体造型既修身又显高挑，适合各种正式场合的穿着。

图4-79　A字廓形款旗袍礼服

（四）X字廓形

X字廓形是一种通过收腰和宽裙摆设计，使礼服呈现出类似字母X形状的廓形。这种设计能够很好地突出腰部的纤细，同时展现出华丽的裙摆线条，适合各种正式场合穿着。X字廓形的新中式礼服通常采用紧身的上半身设计和宽大的裙摆，使得整体造型既优雅又大气。X字廓形的新中式礼服最大的特点是肩部与腰部形成明显的对比，通常肩部较宽，腰部收紧，展现出迷人的沙漏形曲线。例如鱼尾礼服，通过在裙摆处的特殊处理，使礼服呈现出鱼尾般的优美曲线。这种廓形设计能够很好地突显穿着者的臀部和腿部线条，展现出极致的女性魅力。

（五）直筒廓形

直筒廓形是一种简约大方的设计，通过直筒状的剪裁方式，使礼服呈现出简洁、利落的线条。这种廓形设计能够很好地展现出面料的质感和花纹，适合各种体形的穿着者。直筒廓形的新中式礼服通常采用直身剪裁和简洁的设计，使得整体造型既时尚又不失典雅。

■ 二、新中式礼服立体裁剪步骤详解

（一）新中式鱼尾挂脖礼服

1. 白坯准备

①上衣身长度：依照设计的衣长，从侧颈点通过乳尖点再到腰围线，上下各加3~5cm的粗裁量。

②上衣身宽度：依照设计的衣身宽，胁边线往外加8cm的粗裁量。

③上衣身基准线：前中心线和胸围线用笔画线。

④裙长度：依照设计的裙长，腰围处往上加3~5cm，裙长往下加5~7cm的粗裁量。

⑤前、后胁裙片宽度：依照设计的裙摆线往外加约12cm的粗裁量，胁边线往外加约12cm的粗裁量。

2. 立体裁剪步骤

①用标示带在人台上贴出所需要的造型线（图4-80）。

②坯布上所画的前中心线和胸围线需对齐人台上的前中心线和胸围线，依次用珠针以V形固定于前中心线与领围线交叉处、肩线处。将腰省全部转移至肩省（图4-81）。

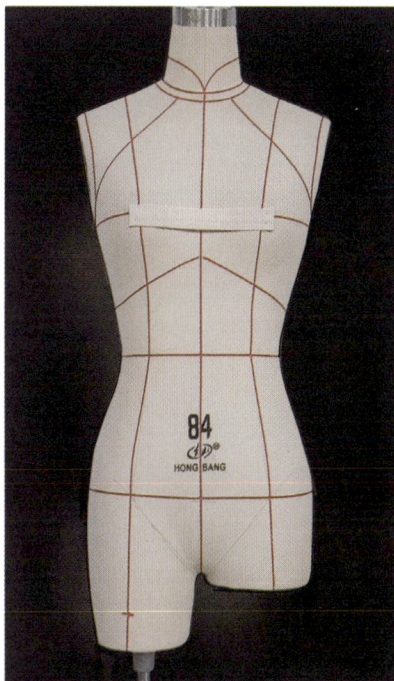

图 4-80 造型线标示　　图 4-81 腰省转移至肩部

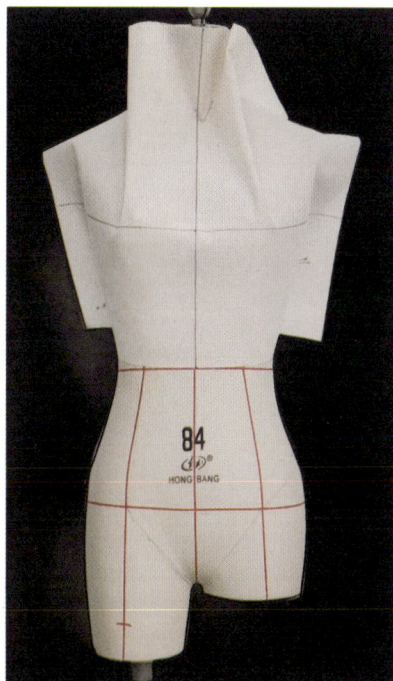

③制作领围线的褶量，将省道的量分成三等分的褶裥，用珠针固定褶裥，同时根据造型线修剪多余面料（图4-82）。

④制作上衣背面，将坯布上所画的后中心线和胸围对齐人台上的后中心线和胸围线，依次用珠针以V形固定，在腰部打上剪口使其平整（图4-83）。

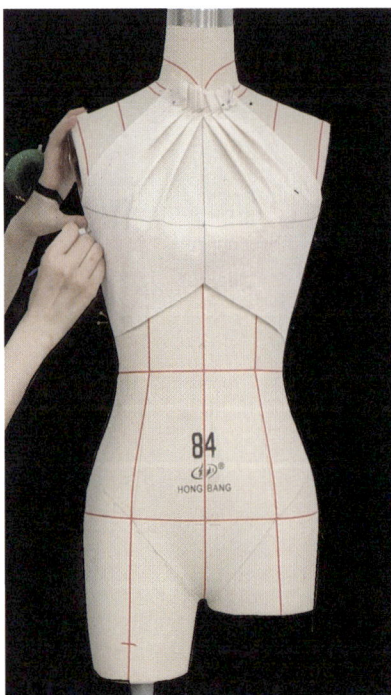

图4-82 制作领口褶裥

图4-83 制作裙身上背面部分

⑤制作领片，坯布上所画的后中心线和后领围线需对齐人台上的后中心线和后领围线，用珠针固定后中心线与后领围线交叉处，确定立领高度，后领围线剪牙口，沿着领围标示线，顺着牙口上方别上珠针，再剪牙口至标示线，要保持领围的松份与圆润度，画出立领线的记号。整理衣身，裙身上部分制作完成（图4-84、图4-85）。

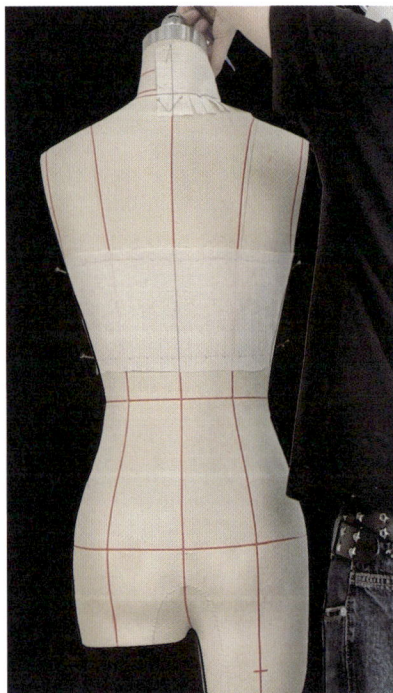

图4-84 制作领片

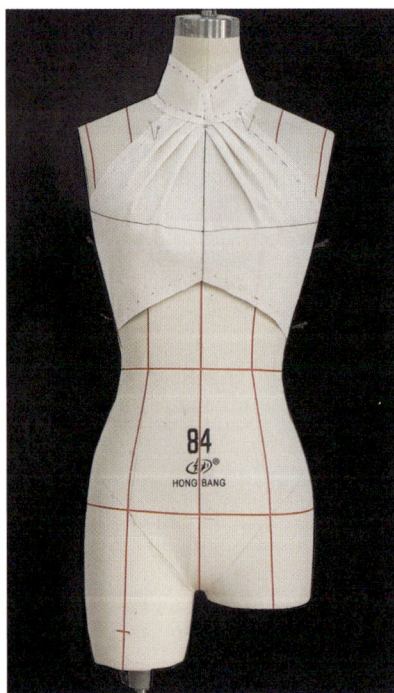

图4-85 裙身上部分制作完成图

⑥前中心裙片坯布上所画的前中心线和臀围线需对齐人台上的前中心线和臀围线，依次用珠针以V形固定前中心线与臀围线、腰围线、高腰围线交叉处。用消失笔在鱼尾高度处画上记号，从鱼尾高度处往上留1.5cm后剪入，沿着记号往外留1.5cm缝份，将多余的布剪掉。在鱼尾高度处打剪口，抓出鱼尾的波浪，约8cm，同时画上记号（图4-86、图4-87）。

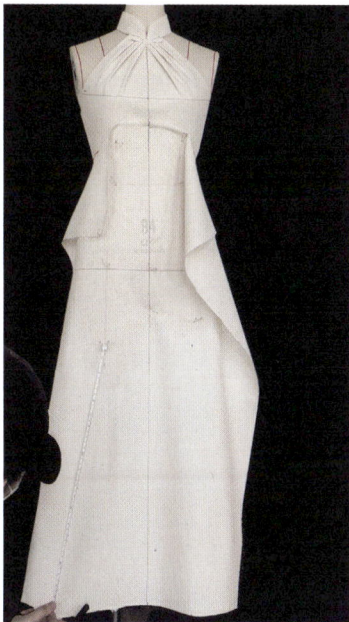

图 4-86　前中心裙片固定　　　　图 4-87　修剪多余面料

⑦将多余的布片剪掉，腰围线及上下打剪口使其平整，前中心裙片完成（图4-88）。

⑧前胁裙片坯布上所画的中心线和臀围线需对齐人台上的前胁中心线和臀围线，依次用珠针以V形固定前胁中心线与臀围线、腰围线、高腰围线交叉处及鱼尾高度处（图4-89）。

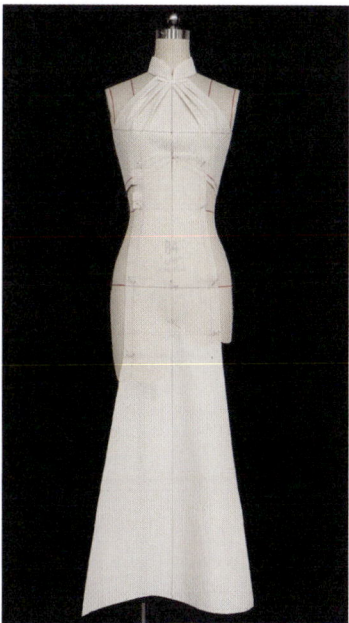

图 4-88　前中心裙片粗裁完成图　　　图 4-89　制作前胁裙片

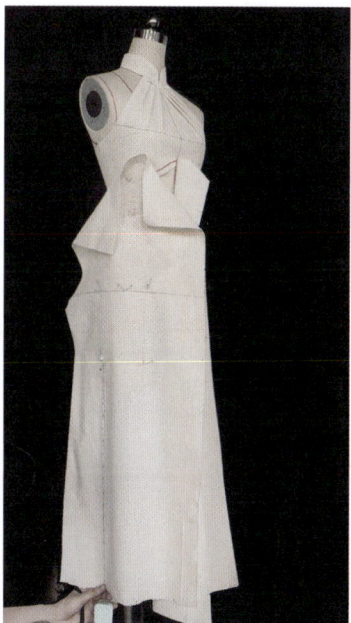

⑨前胁裙片抓出鱼尾的波浪，波浪大小与前中心裙片相同，约8cm。将前中心裙片缝份折入，用珠针以盖别法将前中心裙片与前胁裙片固定至裙摆处（图4-90）。

⑩后胁裙片、后中心裙片制作方法同上，依次裁剪（图4-91、图4-92）。

⑪裙身粗裁完成，将坯样从人台上拿下来，在桌面上把裙摆摊平，将前、后下摆线画顺。

⑫修板完成后放置人台上，观察正面、侧面、背面是否合体，新中式挂脖鱼尾连衣裙立体裁剪完成（图4-93~图4-97）。

图4-90 拼合前中心裙片与前胁裙片

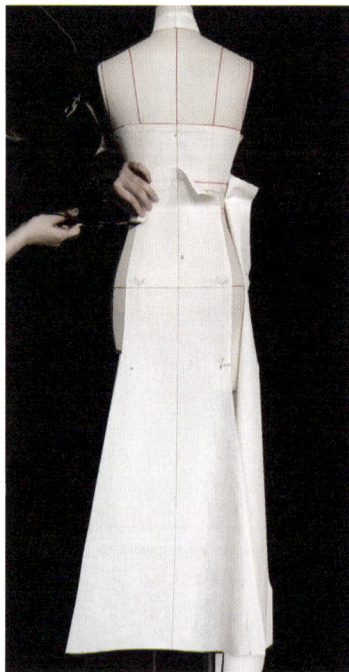

图4-91 制作后中心裙片

图4-92 修剪多余面料

图4-93 依次拼合裙片

图 4-94　假缝坯样

图 4-95　假缝完成图（正）

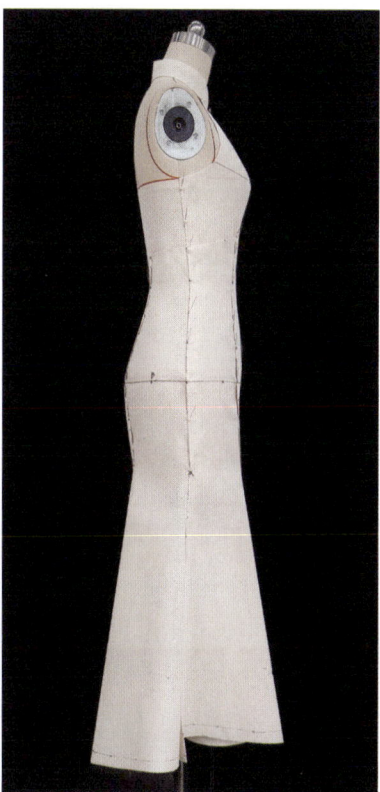

图 4-96　假缝完成图（侧）

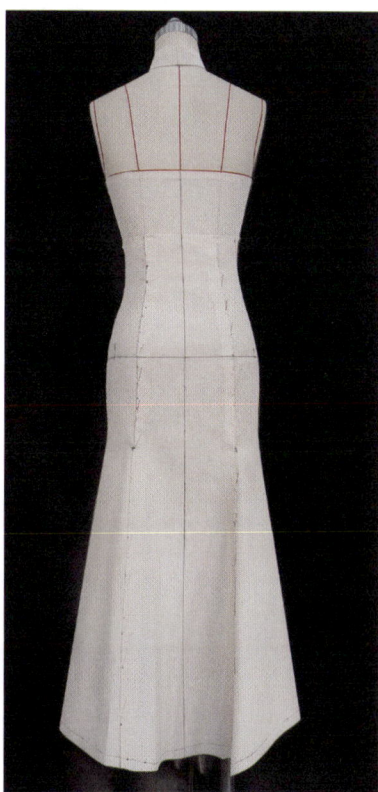

图 4-97　假缝完成图（背）

（二）新中式披肩旗袍礼服

1. 白坯准备

①长度：依照设计的衣长，从侧颈点通过乳尖点再到腰围线，上下各加3~5cm的粗裁量。

②宽度：依照设计的衣身宽，中心线往外加10cm、胁边线往外加8cm的粗裁量。

③基准线：前中心线和胸围线、臀围线用高消笔画线。

2. 立裁步骤

①用标示带在人台上贴出所需要的造型线。

②坯布上所画的前中心线和臀围线需对齐人台上的前中心线和臀围线，依次用珠针以V形固定前中心线与腰围线、臀围线的交叉处（图4-98）。

③将腋下省转移到前中心线作褶量，同时在领口打上剪口，抚平前胸（图4-99、图4-100）。

④将胸腰部余量捏出省道，用珠针掐别（图4-101）。

⑤制作背面，坯布上所画的后中心线和胸围线对齐人台上的后中心线和胸围线，肩省留出量，依次用珠针以V形固定，掐别出腰省，确保裙身服帖（图4-102）。

⑥将前后裙片侧缝拼合，修剪多余面料，制作立领（方法同新中式斜襟收腰衬衫步骤⑨），完成裙身粗裁（图4-103~图4-106）。

⑦披风坯布上所画的前中心线和臀围线需对齐人台上的前中心线和臀围线，用丝针以V形固定前中心线，用标示带贴出肩线（图4-107、图4-108）。

新中式披肩旗袍礼服
立裁视频解析

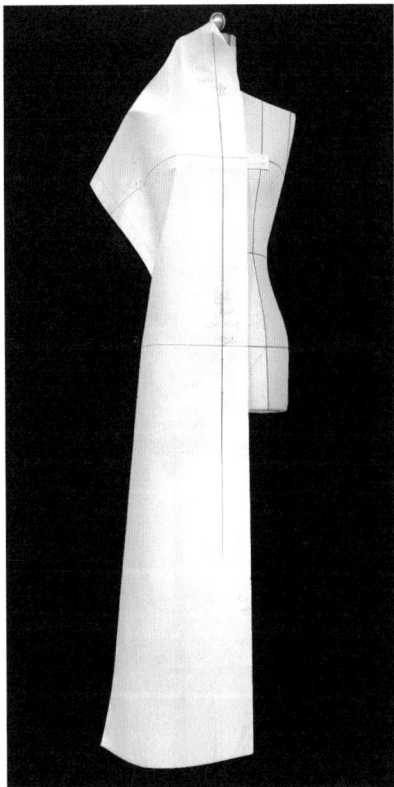

图 4-98　固定前裙片

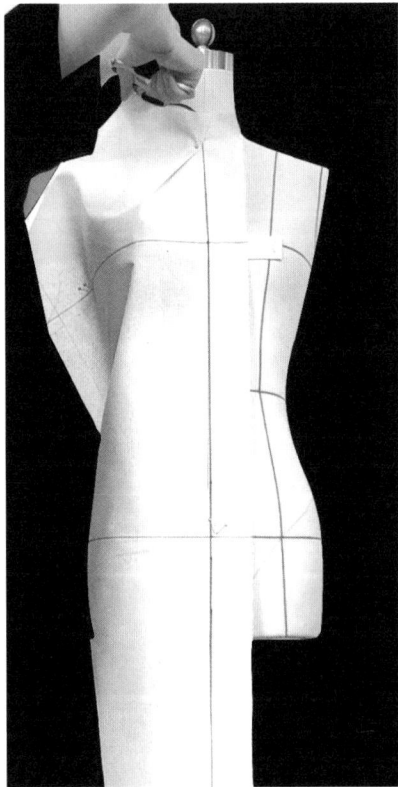

图 4-99　腋下省道转移至前中心线

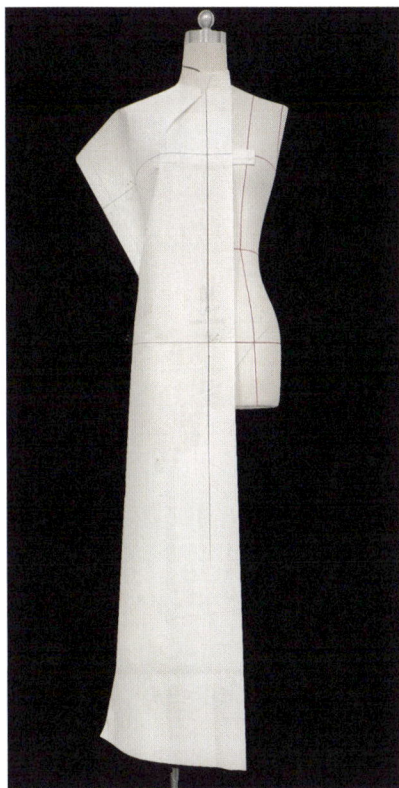

图 4-100 省道转移完成图

图 4-101 掐别腰省

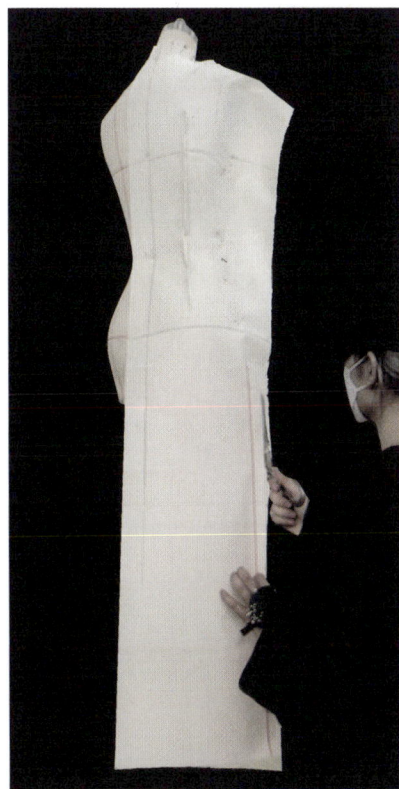

图 4-102 制作后裙片

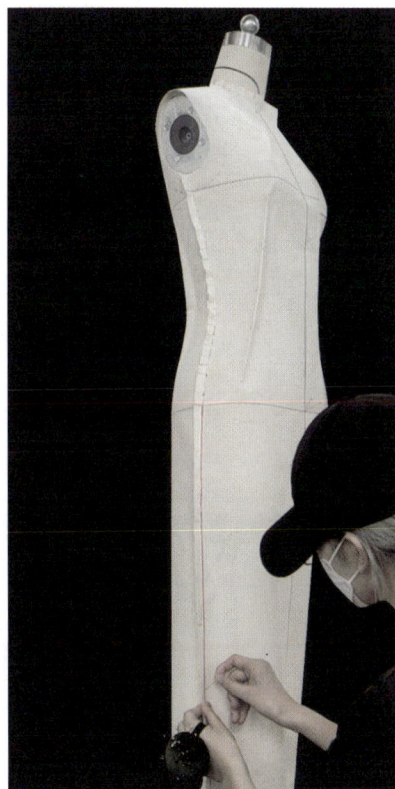

图 4-103 拼合前后裙片

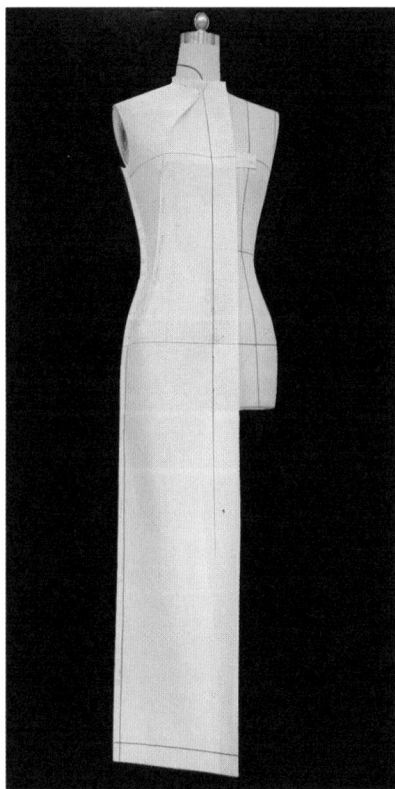

图 4-104　修剪多余面料

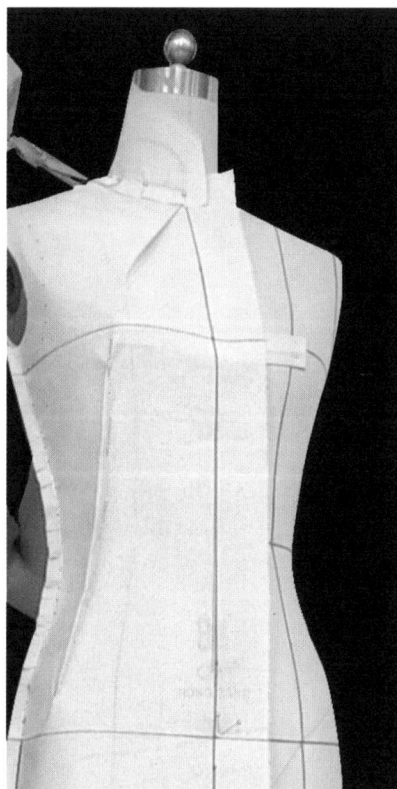

图 4-105　制作立领

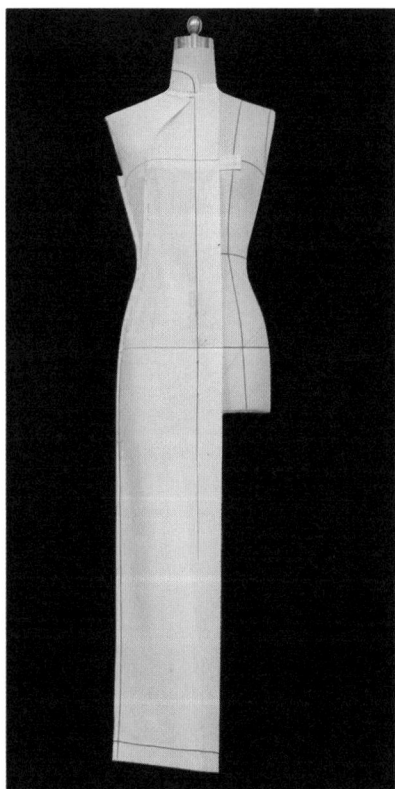

图 4-106　裙身粗裁完成图

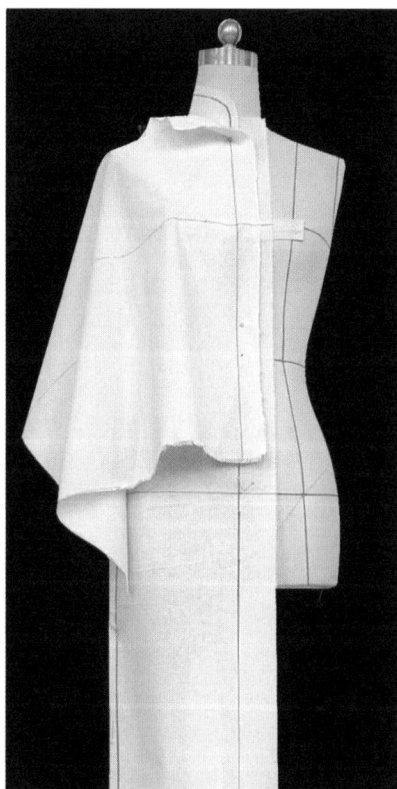

图 4-107　固定披风布片

⑧后片同理，将前后片肩线拼合，贴出造型线并修剪（图4-109~图4-112）。

⑨取下裙片进行修剪、假缝，完成制作（图4-113~图4-115）。

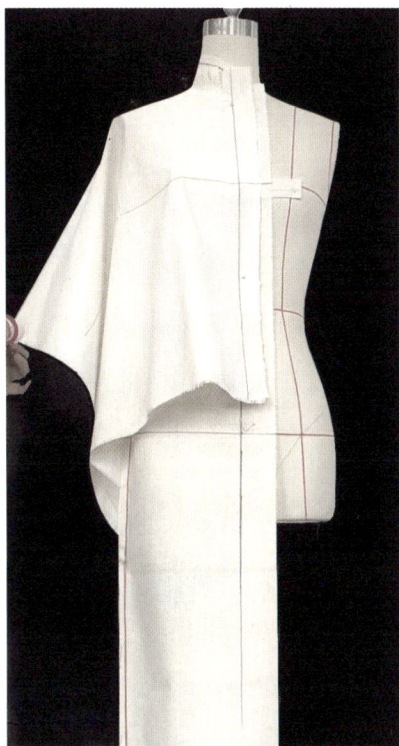

图 4-108　标示前片肩线

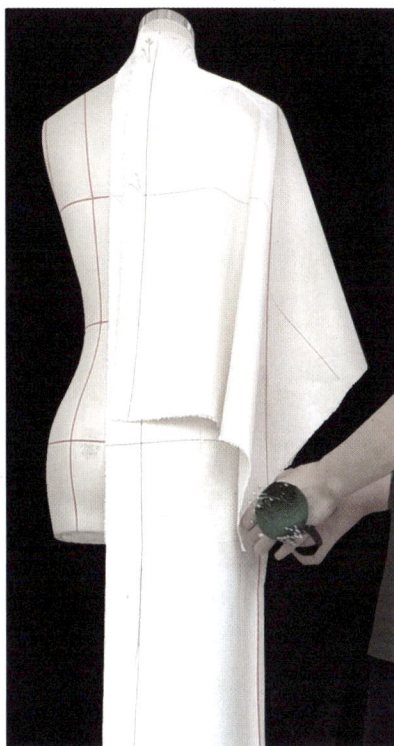

图 4-109　标示后片肩线

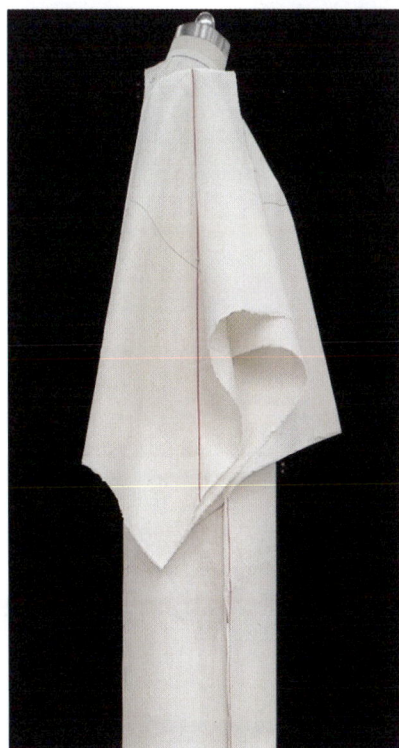

图 4-110　前后衣片拼合

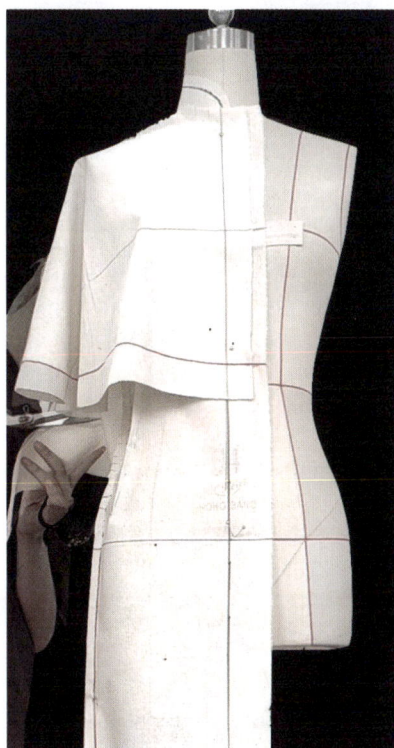

图 4-111　修剪多余面料

图 4-112　披风粗裁完成图

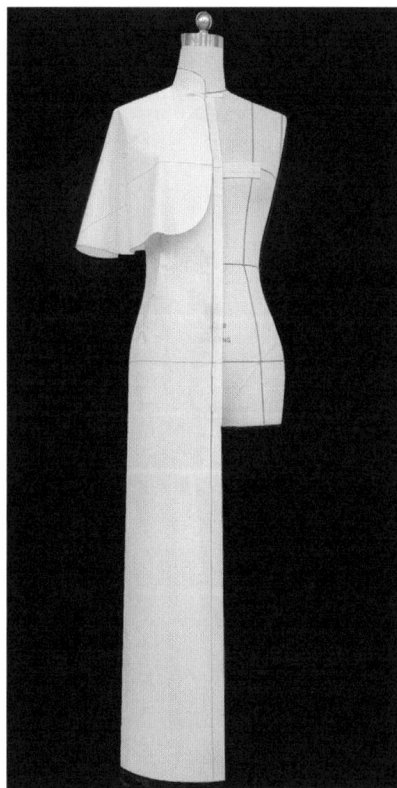

图 4-113　假缝完成图（正）

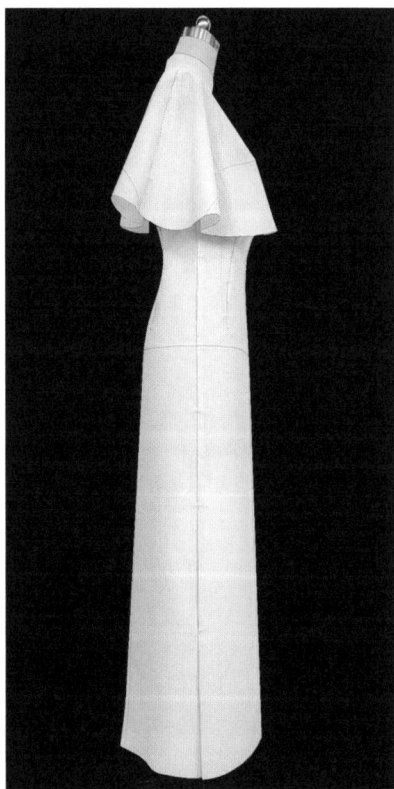

图 4-114　假缝完成图（侧）

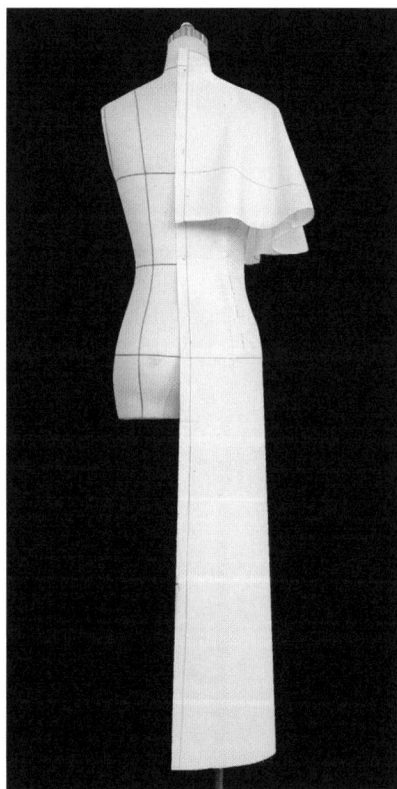

图 4-115　假缝完成图（背）

第五章

新中式服装设计搭配与展示

新中式服装以传统服装为基础，以中国传统文化内涵为设计的突破点，结合现代着装多元化审美的设计方式，对传统文化进行解析、重构、提炼和整合，最终形成受年轻群体喜爱的个性前卫风格。新中式服装的搭配不仅仅是简单地将传统中式元素与现代时尚相结合，更是一种艺术和品位的体现。在商务、休闲、社交等各种场合，恰当的搭配可以凸显个人品位和气质，通过着装展现出自信和魅力。因此，搭配对于新中式服装来说具有重要的意义。新中式服装的搭配风格多种多样，可以根据不同的场合和个人喜好进行选择。无论是传统与现代的结合，中西合璧的风格，还是简约大气的风格，个性时尚的风格，关键在于突出服装的特色和个人的品位；展现出穿着者的自信和魅力。

第一节　新中式服装的经典搭配

合理的新中式服装搭配不仅能够突出穿着者个人的魅力，还可以使整体造型更加协调和美观。这涉及颜色、款式、面料等方面的选择，需要考虑到服装的整体搭配感和视觉效果，以确保整体造型的和谐统一。新中式服装受到全球化发展下多元化着装背景的影响，需要将多种风格融入新中式服装设计中，进而展现出自在穿搭的休闲风、典雅庄重的商务风、传统元素的民族风、个性表达的创意风等多种风格，满足不同消费者个体需求。

■ 一、休闲风新中式服装：自在穿搭

休闲服装是指在休闲场合所穿的服装。所谓休闲场合，就是人们在公务、工作外，置身于闲暇地点进行休闲活动的时间与空间，如居家、健身、娱乐、逛街、旅游等都属于休闲活动。穿着休闲服装追求的是舒适、方便、自然，给人以无拘无束的感觉。休闲风新中式服装以轻松、舒适为主要特点，通过将简约的设计、中式元素和现代时尚的元素相结合，打造出适合日常生活、休闲场合穿着的服装造型。在搭配上可以根据个人喜好和场合需求进行选择，突出服装的特色和个性，展现穿着者自信和时尚的形象。休闲风新中式服装可以看作是中国文化社会和生活方式创新的结晶，是在喧嚣的生活环境下对自由的追求，其精神体现在形态宽松、走向精简、面料舒适、色彩低调、不注重外在装饰（图5-1）。

新中式风格中，"大道至简"的表现更像是一种生活态度。它以简洁的线条、纯粹的色彩和极致的细节处理，展现出东方美学的独特魅力。新中式风格的简约，是对传统元素的现代演绎，是对复杂世界的简单回应，是对繁华生活的淡然处之。它让空间回归

图 5-1　休闲风新中式服装

宁静，让生活回归本真，让我们在纷扰的世界中找到一片安宁的净土。休闲风新中式服装也是简约的，它将传统的中式元素与轻松、休闲的时尚风格相结合，打造出适合日常生活、休闲场合穿着的服装造型。在这种风格中，传统的中式元素经过现代化的设计和演绎，既具有中国传统文化的韵味，又符合现代人的生活方式和审美需求（图5-2）。

图 5-2　简约新中式服装穿搭

（一）色彩搭配技巧

休闲风新中式服装的色彩搭配应以素雅为主，如米色、白色、灰色、浅蓝色等，这些颜色不仅易于搭配，还能凸显中式服装的温婉气质。

在整体素雅的色调中，可以适当加入一些亮色系的配饰或单品作为点缀，如一双亮色鞋子、一条色彩鲜艳的腰带或一款精致的包包，以增加整体造型的亮点。

搭配时，要注意整体色彩的呼应与统一。例如，当上衣采用了某种亮色装饰，那么在选择下装或配饰时，可以尽量找到与之相呼应的颜色元素，使整体造型更加和谐统一（图5-3）。

图5-3　休闲风新中式服装色彩搭配

（二）面料搭配技巧

不同材质的面料对色彩的呈现效果也不同。因此，在选择面料时，也要考虑其与色彩的搭配效果。例如，丝绸面料的光泽感能够更好地展现亮色系的鲜艳与活力；棉麻面料更适合搭配素雅色系，以凸显其自然与舒适感；将柔软的丝绸上衣与挺括的棉麻裤子相结合，又可以营造出优雅、休闲的视觉效果。

■ 二、商务风新中式服装：典雅庄重

典雅庄重的风格不受时代流行因素的影响，适用于正式场合。同时，经典正式并不代表一成不变。在传统正式服装中加入时代元素，可塑造出适合不同时代的典雅气质的正式服装，兼具传统文化的内涵与时代发展的特征。中山装的改良是近现代极具代表性的服装改良案例，也是当代年轻人的态度以及对传统服饰尊重的体现。现代改良版中山装彰显儒雅、礼仪、一身正气，更承载着中华民族的自豪感，采用斜襟、加长廓形以及中国风元素拼接等形式，展现中山装和青年装的现代感。

商务风新中式服装不仅是对传统商务着装的延续，更是对现代都市生活方式的深刻洞察与融合。在保持商务风格经典元素的同时，注入现代都市气息，打造出一种既符合

商务场合需求，又能展现都市风采的穿搭风格，包括都市轻奢、雅致绅士、致简通勤、职场新风等风格（图5-4）。

在商务会议、正式晚宴等场合，着装要求往往较为严格。新中式服装以其典雅大方的特点，成为这一场合的得体之选。一件剪裁合身、设计简约的新中式服装，既能展现出穿着者的专业素养，又能彰显出其品位与气质。成熟稳重的商务新中式服装以现代简洁的线条，勾勒出传统东方的韵味。在细节之处，融入了中国传统文化元素，展现出独特的东方美学。这种设计风格，既体现现代商务的高效、专业，又不失中国传统的优雅、内敛。

（一）色彩搭配技巧

商务场合要求着装正式且专业，因此色彩选择上应倾向于沉稳、内敛的色调。新中式风格中，黑色、藏蓝、墨绿、深棕等颜色非常适合商务风穿搭，这些色彩能够凸显出穿着者的成熟稳重和专业气质。

此外，吸纳绛红色、藏青色、靛色等饱和度较低的中式调色，也能体现新中式风格的特点，并在商务场合中展现出独特的文化韵味（图5-5）。

（二）商务场合的具体应用

在正式商务会议或重要活动中，可以选择黑色或深蓝色的改良版旗袍或中山装等款式，配以

图 5-4　商务风新中式服装

图 5-5　商务风新中式服装色彩表现

简约设计的盘扣和精致的刺绣图案。色彩上以保持沉稳为主，可以通过金色的配饰来增添亮点。日常办公环境中，可以选择色调更为柔和的新中式服装，如米色、灰色等颜色的衬衫或外套。搭配同色系的裤子或裙子以及简约的鞋子和配饰，既符合商务场合的着装要求，又能展现出独特的个人品位。

■ 三、民族风新中式服装：传统元素

一个民族的服饰特点渗透着其深厚的文化底蕴。在中国历史长河中积累着数不胜数的中国元素与符号，单从传统服饰中，我们就可以了解各种时期的服装款式、色彩、材料、图案以及精妙绝伦的传统工艺。设计师通过细细思索，品味传统元素的文化内涵和其所积淀的历史痕迹，捕捉其灵动神秘的气韵，巧妙地将其融入现代的服装设计手法和时尚潮流之中。新中式风格正当红，低调端庄的中式传统设计，正在潜移默化地融入现代服装设计中。在新中式服装中加入民族风元素，具有吉祥、美好的寓意，同时能增强文化认同感（图5-6）。

图 5-6　民族风新中式服装

少数民族风情与非物质文化遗产历来是中华文化最瑰丽的组成部分之一。伴随着新国潮崛起，国货品牌突出重围，互联网世代审美个性多样，国内消费者开始回归本土消费，民族风潮得到越来越多人的关注，并不断蔓延传播。在服装设计领域，众多设计师选择从少数民族风情中汲取灵感，致力于将少数民族文化与现代时尚结合碰撞。在中国国际时装周中，新中式服装设计师们就为大家呈现了多场展现民族文化与非遗元素的时装大秀。在民族文化中探索民族服饰，并为之赋予当代想象。从色彩、图腾，到肌理、廓形，新中式服装品牌设计于精织细绣的细节里见民族传统美学的多样形态，又在雅致飘然的形制中看贯穿古今的中华风骨（图5-7）。

民族风新中式服装不仅是一种时尚，更是一种文化的表达和传承。穿着这样的服装，可以感受到浓厚的中华文化气息，同时也表达了对传统文化的尊重和喜爱。通过这种服装，人们可以更好地了解和体验中华民族文化地域特色，同时也可以展现个人的独特品位和时尚风格。它让更多人了解和关注中国传统民族服饰的魅力，增强了人们的民族自豪感和文化自信心。同时，也为现代服装设计提供了更多的灵感和素材，推动了服装设计行业的创新和发展。无论是日常穿着还是出席特殊场合身着，民族风新中式服装都能带来独特的魅力和风采（图5-8）。

图 5-7　民族风新中式服装设计

图 5-8　秀场上的民族风新中式服装

（一）色彩搭配技巧

对于民族风的新中式服装，可以选择同色系搭配、对比色搭配、色彩呼应等技巧。同色系搭配指选择颜色相近或相似的服装进行搭配，如浅蓝配深蓝、米色配卡其色，营造出和谐统一的观感。对比色系搭配指利用色彩对比增强视觉效果，如红配绿、黄配紫等，但要注意色彩面积和比例的协调，避免过于突兀。色彩呼应指在服装的不同部位使用相同或相似的色彩进行呼应，如上衣的图案色彩与鞋子或配饰的相呼应。

（二）图案与纹理搭配技巧

民族风新中式服装常采用具有浓郁民族特色的图案和纹样，如少数民族的刺绣图案、图腾、几何图形等。在服装搭配时，可选择具有不同民族图案的服装进行混搭，但要注意图案的复杂度和风格的统一。也可将不同材质的纹理进行对比或协调，增加层次感（图5-9）。

图5-9　带有民族图案元素的新中式服装

（三）款式搭配技巧

在民族风新中式服装的搭配过程中，往往选择宽松的上衣搭配修身的裤子或裙子，或反之，以平衡整体造型的视觉效果。或者利用服装的长短差异进行搭配，如长款上衣配短裙，或短款上衣配长裙，展现出不同的风格特点。

■ 四、个性化新中式服装：创意表达

个性化审美设计指的是：定义或更改服装外观或者功能，以增加其与个人的关联性过程。个性化审美是消费者基于个人心理和行为模式表现出独特审美的过程。新中式服装设计想要通过个性化的服装设计来表达消费者的独特性，需注意以下两个方面。首先在款式设计方面，个性化设计可以根据服装表达的理念与观念来选择不同款式组合。其次在图案设计上，个性化的图案通过各种现代设计手法与不同材质之间的印花、刺绣、编织等碰撞组合，使新中式服装更加个性化（图5-10）。

图 5-10　创意风新中式服装

　　中国元素与青年文化潮流的深度交融，总能带来令人耳目一新的风格面貌。无论是宋代水墨与摇滚，三星堆文化与街头潮流，非遗植物染与牛仔学院风，山海经神兽与多巴胺穿搭，还是苗族纹样、马面裙、马褂、唐装、旗袍与青年文化潮流的碰撞结合，都能混搭出潮而不俗的效果。近年来，运动休闲夹克在时尚界持续走俏，作为时尚潮流中一股不可忽视的力量，成为日常穿搭的首选之一。新中式运动休闲夹克在保留运动风格的同时，还融入了更多的时尚元素，使得运动休闲夹克不再只是功能性的单品，更成为时尚搭配中的亮点。夹克结合了传统中式服饰的元素和现代运动服的设计特点，设计上融入了中式的立领、交领、中袖，或者独特的中式盘扣等元素，为传统和现代的碰撞增添了个性表达（图5-11）。

图 5-11　秀场上的个性化新中式服装

个性化新中式服装在色彩的选择上往往大胆而丰富，不拘泥于传统的红色、蓝色、黑色等经典中式颜色。设计师尝试将明亮的色彩、渐变效果、撞色搭配等现代色彩理念融入传统服装中，形成新中式服装的独特视觉效果。例如，在一件改良的休闲套装上，可能看到大胆的金属感配色，既传达了传统美学，又展现了现代的时尚感。

个性化新中式服装可尝试创新的色彩运用。例如金色与银色，这两种颜色作为金属色，具有高贵典雅的气质。在新中式服装中，适量运用金色或银色装饰（如刺绣、镶边等），可以增添服装的奢华感和时尚感。红色系也是不错的选择，在中国传统色彩中，红色象征着喜庆、吉祥和热情。新中式服装中常采用红色系，如绛、赤、朱、丹等，不仅具有浓厚的文化韵味，还能展现穿着者的优雅气质。另外，蓝色和绿色在中国传统色彩中常用来描绘青山绿水，寓意自然与和谐。在新中式服装中，这两种颜色也被广泛采用（图5-12）。

图5-12　个性化新中式服装的色彩运用

个性化的新中式服装不仅仅是一种时尚趋势，更是文化自信和身份认同的象征。现在越来越多的中国年轻人开始关注并将新中式服装作为日常穿着或出席特殊场合着装的选择。这种趋势不仅体现了年轻一代对传统文化的重新认识，也反映了他们个性化、独特化的时尚追求。未来，随着消费水平的提升和技术的进步，个性化定制服务将成为时尚产业的主流。越来越多的品牌将提供定制化服务，以满足消费者对个性表达的需求。在许多品牌成衣定制过程中，客户可以参与到服装设计的各个环节中，选择自己喜欢的颜色、面料、图案以及装饰细节。这种深度参与使得服装设计更加符合消费者个人的审美需求和生活习惯。比如，一位喜欢简约风格的客户可能选择低调的颜色和简洁的设计，而一位追求奢华的客户则可能偏爱华丽的面料和精致的装饰（图5-13）。

图 5-13　个性化新中式裙装

第二节　新中式服装与饰品的搭配

　　新中式风格作为一种融合传统与现代的时尚潮流，不仅在服装设计中展现了独特的美学风格，其配饰饰品也成为整体造型中不可或缺的元素。新中式配饰不仅承载着中华文化的传统精髓，还通过创新设计使其在当代时尚中焕发出新的活力。新中式穿搭自带文化属性和社交价值，传统服饰的改良成为新的时尚风潮。新中式服装与饰品的搭配大多将中国元素加入现代先锋服装配饰的设计运用中，如将中式盘扣、民族刺绣、银饰、汉字、植物拓印等典型元素融入配饰设计中，呈现多元化的风格。

■ 一、传统配饰的现代演绎

　　新中式配饰通过将现代设计理念和工艺技术相融合，对传统中式配饰进行了独特而创新的演绎。新中式配饰作为新中式风格的重要组成部分，在继承传统的基础上，进行了大胆而巧妙的创新，使其既保留了传统文化的内涵，又契合了当代人们的生活方式和审美需求。传统中式配饰有着悠久的历史，从古代宫廷到民间工艺，无不体现出深厚的文化底蕴。无论是玉器、陶瓷、刺绣，还是银饰、木雕，都有着各自独特的艺术风格和制作工艺。在新中式配饰的设计中，现代材料的运用是一个显著特点。除了传统的金属、玉石、玻璃、金银等材料外，设计师还引入了如合成材料、不锈钢、玻璃等现代材质，使配饰更具现代感和实用性。例如，将树脂、水晶与传统元素结合，不仅增强了配饰的耐用性，还增加了视觉上的新鲜感（图5-14）。

图 5-14　树脂、水晶与传统材料结合的新中式耳环

　　新中式配饰在设计理念上更加注重简约与实用，减少了传统中式配饰中繁复的装饰元素，而保留其核心的文化符号。这种简约化的设计不仅适应了现代人的审美需求，还提高了配饰的日常佩戴舒适度。例如，简洁的线条设计和几何形状的运用，使配饰更加现代、时尚。新中式配饰在文化元素的运用上更加自由和多样化。设计师不仅继承了传统中式配饰的经典元素，还通过创新的方式赋予其新的意义。例如，传统的龙凤纹样可以被简化成几何图案，荷花图案可以通过抽象的方式进行再创作，既保留了传统文化的韵味，又赋予其现代的审美特质。在色彩的运用上，新中式配饰更加大胆和多样。传统中式配饰多采用红色、金色、绿色等象征吉祥的颜色，而新中式配饰则融合了更多现代色彩，如柔和的粉色、清新的蓝色、冷静的灰色等，使配饰更具现代感和个性。同时，图案设计也更加多样化，既有传统图案的现代演绎，也有全新的创意图案，丰富了配饰的视觉效果。

　　新中式配饰中有许多优秀的代表性设计，不仅在国内受到欢迎，也在国际市场上赢得了良好的口碑。例如，一些设计师将传统的镂空技艺与现代简约设计结合，创造出既有传统韵味又具现代感的耳环、项链等饰品；还有一些设计将传统的灯笼、折扇与现代时尚元素结合，设计出既有传统文化底蕴又符合现代审美的挂饰、发饰等（图5-15）。

图 5-15　传统配饰的现代演绎

　　新中式包袋融合了传统与现代设计，在设计上巧妙运用中式传统元素与现代时尚理念，如将竹节、水墨画、竹叶、藤编、流苏、蝴蝶等传统元素融入包袋的形状、图案或材质中，使其既具有古典韵味，又不失现代感。细节处理上，新中式包袋非常讲究，如包带的长度、宽度、材质选择，包身的印花图案、刺绣工艺以及包扣、拉链等配件的设计，都力求做到精致、美观。许多新中式挎包采用高品质的工艺制作，例如手工刺绣、香云纱等传统工艺，使得包袋更加具有文化底蕴和艺术价值（图5-16）。

图 5-16　新中式包袋

新中式配饰不仅是一种时尚潮流，更是中西文化交流的重要桥梁。通过配饰设计和推广，中国传统文化得以在全球范围内传播，促进了中外文化的交流和发展。这种文化交流不仅提升了中国文化的国际影响力，也为全球时尚产业注入了新的活力。

近年来，随着消费者对个性化需求的增加，定制化服务成为新中式配饰的重要发展方向。设计师通过与客户的紧密沟通，根据其个人喜好和需求，量身定制独一无二的配饰产品。这种个性化的设计不仅满足了消费者的个性需求，也增加了配饰的独特性和情感价值（图5-17）。

图 5-17　新中式配饰日常应用

■ 二、时尚配饰与科技融合

现代科技的发展为新中式配饰的制作提供了新的创意思路和更多可能性，推动了传统文化与现代设计的完美结合。3D打印技术、激光切割、数控雕刻等现代工艺被广泛应用于配饰的生产中，使得设计师能够实现更加精细和复杂的设计，打破了传统手工制作的局限。以往需要耗费大量时间和人力的工艺，如今通过这些先进技术，能够在短时间内生产出高质量的配饰，极大地提高了生产效率，使得新中式配饰得以迅速进入市场，满足消费者的多样需求。

计算机辅助设计（CAD）等数字化工具的应用，使得设计师能够更精准地控制图案和造型，使复杂的传统纹样以更加简洁、现代的形式呈现，既保留了文化的精髓，又符合当代审美。设计师可以轻松地调整设计细节，进行多次试验和优化，从而找到最理想的效果。这种灵活性使得设计过程更加高效，能够迅速响应市场变化。3D建模和虚拟现实（VR）技术的引入，为设计师在构思和创作阶段提供了全新的视角和工具。通过虚拟现实技术，设计师可以在三维空间中直观地呈现和调整设计方案，仿佛置身于自己的创作之中。这不仅提高了设计效率，也为传统文化元素的创新演绎提供了广阔的空间。例如，设计师可以在虚拟环境中尝试不同的材质、颜色和形状组合，探索出更多具有文化内涵和现代感的配饰设计。这种现代科技与传统艺术的交融，不仅丰富了新中式配饰的表现形式，也使得传统文化得以在新时代焕发出新的生机与活力（图5-18）。

图 5-18　时尚配饰与科技结合

在环保意识日益增强的今天，可持续发展成为新中式配饰的重要发展趋势。设计师在材料选择上更加注重环保和可再生资源的使用，制作工艺上尽量减少对环境的影响。在新科技的加持下，新中式配饰的材料应用产生了革命性的变化，除了常见的传统材料外，许多新型材料，如轻质碳纤维材料、智能纤维材料和生物材料，正逐渐被应用于新中式配饰的设计与制作中。例如，智能纤维材料可以根据环境变化自动调节颜色和图案，这种科技与传统文化符号的结合，使得配饰不仅具有装饰性，还具备了互动性和实用性。环保材料的应用也逐渐成为趋势，通过现代科技，设计师可以将可回收材料和可降解材料融入配饰中，既传承了中华文化的环保理念，又符合当代可持续发展的需求。这些配饰的出现，为新中式配饰注入了新的活力，使其不仅具备美观的装饰功能，还具备智能化的应用功能（图5-19）。

未来，新中式配饰将继续探索更深层次的融合，从设计、材料、工艺到智能科技，不断创新与突破，推动中华文化在全球舞台上的广泛传播与认可。在此过程中，新中式配饰将不仅是文化传承的载体，更是科技时代中人与传统文化互动的桥梁。

图 5-19 植物染新中式挎包

第三节　新中式服装的展示与表达

　　近年来，新中式服装作为一种将传统与现代相结合的时尚潮流，在全球范围内引起了广泛关注。其独特的设计理念和文化底蕴需要通过多种途径和渠道来展示与表达，以便更好地传播和推广。本节从时装秀场与模特表现、社交媒体的展示策略、数字化工具的结合应用三个方面进行探析，探讨新中式服装的展示与表达途径。

■ 一、时装秀场与模特表现

　　时装秀场是具有艺术性的舞台表演，自服饰品牌诞生至今，时装秀场与模特的展示在服装领域中都发挥着重要的作用。新中式服装设计品牌组织一场成功的时装秀不仅能更好地宣传品牌的文化与形象，还能吸引更多消费者和业内大咖的关注，提高品牌的知名度。准备一场完整的时装秀的时间较长，一般至少需要几个月的时间。另外，组织一场时装秀表演，需要的人力、物力等各类资源较多，最基本的包括设计师团队、服装成品、造型团队、模特、舞台、技术人员、宣传团队、幕后工作人员等。一场成功的时装秀是各方人员共同努力的结果。

　　秀场中的模特需要通过专业的走秀技巧、优雅自信的气质以及完美的协调性，将服装的美感和设计理念展现得淋漓尽致。一般来说，模特不仅拥有出色的外貌和身材，更重要的是他们能够散发出的优雅自信的气质。这种气质来源于他们对自身的认知和自我价值的肯定，使他们在T台上更加从容不迫、光彩照人（图5-20）。

图5-20　新中式时装秀场与模特表现

新中式服装品牌策划一场时装秀，一般要经过以下步骤。

1. 确定目的及预算

组织一场时装秀表演，首先就是要明确自己的目的。紧接着就是估计策划时装秀的成本和预算，包括选择什么类型的合作方和赞助商，也是需要考虑的问题。

2. 主题确立

时装秀的主题是整个时装秀策划的重要指导思想，产品的设计、舞台的整体氛围、场地的选择等都是根据主题决定的。

3. 造型设计

时装秀中的造型设计主要包括模特的选择、模特的造型（服装、妆容、发型、配饰、动作）等。新中式服装品牌需要根据模特的身材和气质选出符合品牌形象及时装秀主题的模特，之后再进行造型（服装、妆容、发型、配饰、动作）的调整。品牌主理人要确定好模特的选择和模特造型的设计，因为模特的展演越亮眼，就越容易扩大品牌产品的影响力。除此之外，品牌方还要注重与模特的交流，以便模特更好地呈现服饰产品的美和提升舞台的表现力（图5-21）。

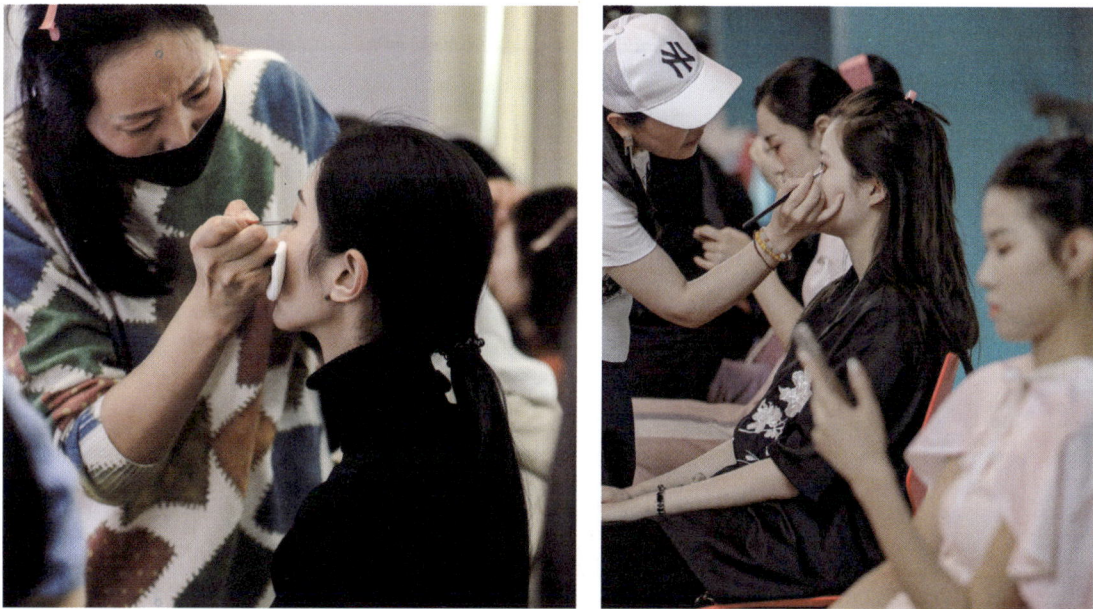

图 5-21　秀场模特造型设计

4. 舞台设计

好的舞台氛围需要多方面因素的共同烘托。例如场地的选择、T台及灯光的布置、音乐的选择、后台及观众区域的规划等都是影响时装秀舞台整体效果的关键因素。这些因素共同影响着人们的感官体验，能将人们带入一个良好的氛围之中，让人们由此深刻感受品牌及其产品的魅力（如图5-22）。

5. 人员统筹

组织时装秀要考虑到设计师、模特、造型师、宣传人员、灯光组、设备组、音效师、摄影师、司仪、安保、后勤人员等各方人员的统筹，一场成功的时装秀表演需要各个岗位成员的配合。

图5-22　秀场舞台设计

6. 宣传

关于时装秀的宣传工作可以从广告、明星或网红推广、媒体宣传、邀请业内专家和VIP顾客看秀等方面入手。成功的时装秀可以吸引更多业内专家的关注，在提升品牌认可度的同时，还能创造出更多合作的机会。

7. 彩排

在时装秀正式开始之前，还需要对各个步骤环节进行多次的彩排（图5-23）。除此之外，品牌主理人还需要准备几个备选的应急方案以确保秀场不出现重大的失误。

图5-23　时装秀彩排

时装秀场的组织工作和模特表现十分复杂，不仅需要创意，还需要足够的耐心，并且相当耗费时间、精力与资金。只有一些规模较大、实力较强的服装品牌才有机会组织和参与时装秀表演。时装秀促销在物联网时代下发挥着举足轻重的营销作用，所以现如今正在创立和发展的新中式服装品牌可以将组织一场时装秀作为目标而努力。

■ 二、社交媒体的展示策略

互联网时代下的高科技产品正深刻改变着社会的发展，不论是人们的生活习惯，还是服装品牌的营销手段，都因此发生了巨大的改变。如今，社交媒体已经逐渐成为新中式服饰品牌营销推广的主要工具与阵地，其有着传统媒体无法比拟的优势，在一定程度上大大助推了新中式服装品牌的成长。在社交媒体的展示策略中，精准的目标受众定位是关键。新中式服装的受众主要包括对中华文化有深厚认同感的年轻群体、对时尚有独特见解的消费者以及国际市场中对东方文化感兴趣的用户。通过社交媒体平台的大数据分析和用户画像功能，品牌可以识别出这些潜在受众，并制订有针对性的内容策略。例如，通过分析用户的兴趣标签、浏览历史和互动行为，品牌能够推送具有文化符号的新中式内容，使其能够更准确地触达有相关兴趣的受众，增强品牌的影响力和用户黏性，减少新中式服装品牌营销的工作量及成本。并且，人们十分主动也十分乐意在社交媒体中获取和分享信息，所以通过社交媒体，有着相同爱好的消费者更容易汇集在一起寻找共鸣和分享快乐。同时，社交媒体的信息传播范围十分广泛，其营销渠道、展示平台、营销内容以及展示模式都十分灵活多样。从营销平台上看，互联网时代下社交媒体迅速发展，相较于报纸、电视等传统媒体，社交媒体让新中式服饰品牌的营销展示变得更加便捷高效。抖音、小红书、微博等层出不穷的社交媒体都是新中式服装品牌营销的平台。多样化的营销平台，不仅使品牌与客户群之间有更多交互的机会，还有利于品牌营销信息的传播。从营销内容上来看，新中式服装品牌的营销内容可以以文字、图片、视频、直播等形式呈现，品牌不仅能够与更多的客户群对接，还能够进行多角度、多层次、多样化、全方位的产品展示（图5-24）。

图 5-24　新中式消费者社交媒体热门词汇

新中式服装品牌需要通过创新性的内容创意，将传统文化元素与现代时尚表达相结合，吸引用户的关注和参与。例如，品牌可以通过短视频、图片合集、图文并茂的长篇文章等形式，展示新中式服装的设计理念、工艺特色和文化故事。与此同时，品牌还可以策划一些具有话题性的创意活动，如线上文化挑战、服装搭配比赛等，通过用户生成内容（UGC）的方式，激发受众的参与热情，增强社交媒体的传播效果。通过定期更新内容并与粉丝互动，可以提升品牌的知名度和美誉度。同时利用社交媒体平台进行线上营销活动，如限时优惠、抽奖活动等，吸引消费者的关注和参与，并促进销售增长。另外，也可以通过社交媒体平台收集用户反馈和意见，不断优化产品和服务以满足顾客的需求（图5-25）。一些品牌还会定期举办快闪活动或线上线下联动活动，通过多渠道的互动，进一步增强用户对品牌的情感认同。

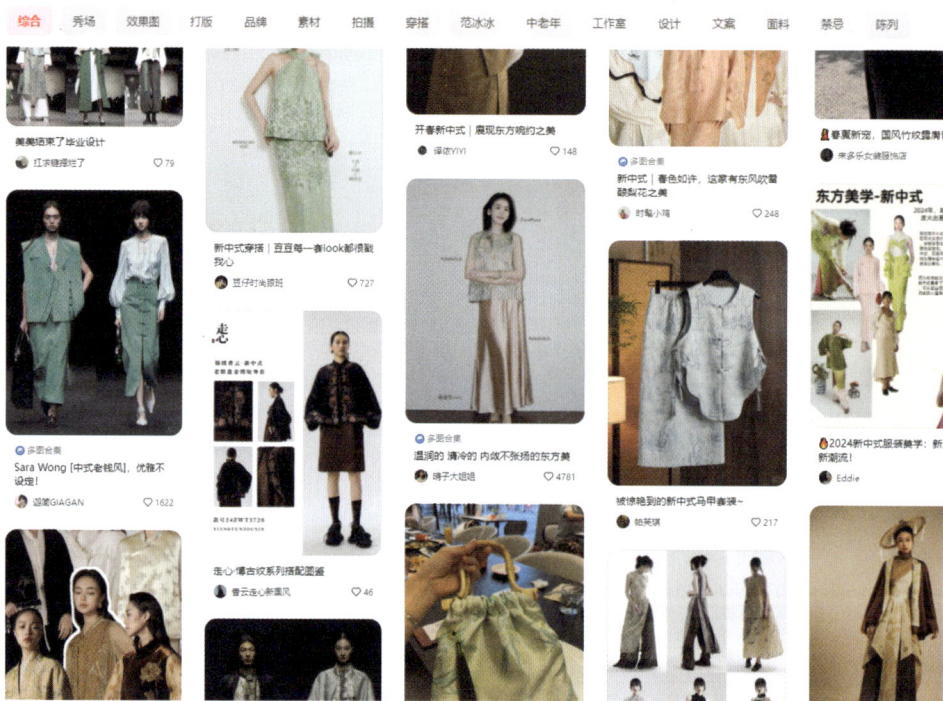

图 5-25　新中式服装的社交媒体宣传

新中式服装的社交媒体展示策略，体现了文化传承与现代营销的深度融合。通过精准的目标受众定位、创新的内容创意、多媒体的应用、丰富的互动形式、多元化的平台选择以及有效的数据分析，品牌不仅能够在社交媒体上展示其独特的文化魅力，还能够与用户建立深厚的情感联系，提升品牌的市场竞争力。未来，随着社交媒体技术的不断发展，新中式服装的展示策略将继续创新与优化，助力中华文化在全球范围内的广泛传播与发展。

■ 三、数字化工具的结合应用

新中式服装与数字化工具的结合，展现了传统文化与现代科技的完美融合。这一结合不仅提升了新中式服装的设计和制作效率，还开拓了新的展示和传播渠道，使其在全球化背景下焕发出独特的魅力。下面从设计创意、生产工艺、营销推广、消费体验和文化传播五个方面，探讨新中式服装与数字化工具结合的特点和方式。

（一）设计创意

在新中式服装的设计阶段，数字化工具极大地丰富了设计师的创意手段。传统手工绘制设计图案的方式逐渐被CAD等数字化工具所替代。这不仅提高了设计效率，还使得设计师能够更精细地呈现复杂的图案和结构。例如，设计师可以通过3D建模软件创建服装的三维模型，从而在虚拟环境中进行设计、调整和优化。这种虚拟化的设计方式，能够让设计师在进行复杂纹样和结构的设计时，得到更加直观和细致的效果，从而实现传统元素与现代时尚的完美融合。毫无疑问，VR技术给了新中式服装更多的可能性和可行性。关于新中式的幻想得到了更多可视化表达，中国浓厚的历史底蕴使得"东方幻想"拥有格外广阔的发挥空间。未来，更多科技手段可能会被运用到新中式服装领域里去，通过新的媒介去讲述中国故事，展现新中式设计。

AI设计、虚拟数字人、赛博朋克……数字艺术将天马行空的创意和想象力带到现实，无论是设计创意还是产品效果呈现，数字艺术无疑给了新中式设计更多可行性，同时也会反哺设计，开发更多细节和工艺（图5-26）。

图 5-26 新中式服装数字化工具设计呈现

（二）生产工艺

在新中式服装的生产工艺中，数字化工具的应用同样具有重要意义。智能制造技术，如计算机数控机床（CNC）、激光切割和3D打印，使得新中式服装的生产过程更加精准和高效（图5-27）。这些技术能够实现对复杂图案和结构的精确加工，使得传统手工艺与现代制造技术得以结合。此外，数字化生产还支持定制化生产，品牌可以通过在

图 5-27 激光切割工艺

线平台收集消费者的尺寸、喜好等个性化数据，利用数字化工具进行定制设计和生产。

这种定制化的生产模式不仅满足了消费者对个性化的需求，还提高了新中式服装的附加值和市场竞争力。

（三）营销推广

在营销推广方面，数字化工具为新中式服装的品牌传播提供了多种可能性。通过社交媒体、电子商务平台和数字广告，品牌可以更有效地接触到目标受众。例如，利用社交媒体的精准推送和大数据分析功能，品牌能够针对特定人群推送个性化的营销内容，提升品牌的知名度和用户黏性。此外，VR和增强现实（AR）技术的应用，也为新中式服装的营销推广带来了革命性变化。消费者可以通过AR试衣镜或VR体验，在线上直观地感受服装的材质、颜色和款式，从而提升购买体验。这些数字化工具的应用，极大地拓展了新中式服装的市场影响力和文化传播力（图5-28）。

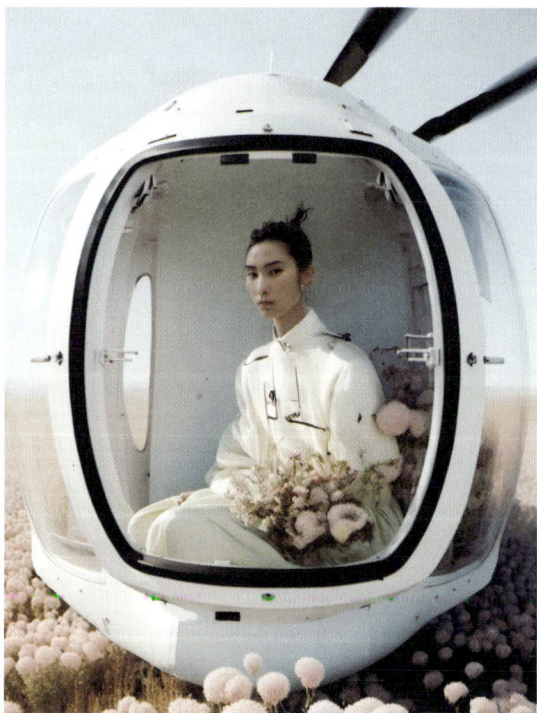

图 5-28 新中式服装数字化工具时装大片

（四）消费体验

新中式服装与数字化工具的结合，也在很大程度上提升了消费者的互动和参与感。通过数字化工具，品牌能够为消费者提供更加个性化和有互动性的购物体验。例如，品牌可以通过在线定制平台，允许消费者在购买过程中参与到设计环节中，选择自己喜欢的图案、颜色和材质，从而打造专属于自己的新中式服装。此外，品牌还可以通过虚拟试衣、3D展示等数字化手段，帮助消费者在购买前更好地了解产品，从而减少购物决策的风险。这种数字化的消费体验不仅增加了消费者对品牌的忠诚度，也推动了新中式服装的市场普及（图5-29）。

图 5-29　在线服装定制

（五）文化传播

数字化工具不仅在设计、生产和营销方面发挥了重要作用，还为新中式服装的文化传播提供了新的途径。通过数字化平台和工具，新中式服装能够更广泛地传播中华文化的内涵和价值。例如，品牌可以通过社交媒体、博客和视频网站，发布有关新中式服装的设计理念、文化背景和故事传承等内容，吸引全球范围内的消费者对中华文化产生兴趣。此外，区块链技术的引入，也为新中式服装的文化溯源和知识产权保护提供了技术支持，确保了传统文化的真实性和唯一性在全球传播中的延续。这些数字化工具的应用，使得新中式服装不仅仅是一种时尚表达，更成为文化传播的重要载体。

新中式服装与数字化工具的结合，体现了传统文化在现代科技加持下的创新与发展。从设计创意、生产工艺，到营销推广、消费体验，再到文化传播，数字化工具在各个环节中都发挥了不可替代的作用，为新中式服装的设计和生产注入了新的生命力。随着科技的不断进步，新中式服装将继续探索数字化与文化传承的深度融合，不仅将在全球市场中占据重要地位，也将在文化传播和社会影响力方面发挥更大的作用。通过不断创新与发展，新中式服装将成为中华文化在全球范围内的重要代表，为世界时尚注入东方智慧与美学。

参考文献

[1] 王伊千，李正，于舒凡，等.服装学概论[M].北京：中国纺织出版社，2018.

[2] 高亦文，孙有霞.服装款式图绘制技法[M].上海：东华大学出版社，2019.

[3] 刘婧怡.时装设计系列表现技法[M].北京：中国青年出版社，2014.

[4] 余巧玲，宋柳叶，王伊千.服饰美学与搭配艺术[M].北京：化学工业出版社，2024.

[5] 李正，岳满，陈丁丁，等.服装款式创意设计[M].北京：化学工业出版社，2021.

[6] 潘璠.手绘服装款式设计与表现1288例[M].北京：中国纺织出版社，2019.

[7] 李正，顾鸿炜.服装工业制板[M].上海：东华大学出版社，2008.

[8] 戴孝林，许继红.服装工业制板[M].北京：化学工业出版社，2007.

[9] 李飞跃，黄燕敏.服装款式设计1000例[M].北京：中国纺织出版社，2016.

[10] 王京菊，韩潇潇，胥恒.图解零基础：时尚中式服装裁剪与制作[M].北京：化学工业出版社，2021.

[11] 黄珍珍，龚雪燕，王晓云，等.实用服装裁剪制板与成衣制作实例——立体裁剪篇[M].北京：化学工业出版社，2017.

[12] 王悦.时装画技法手绘表现技能全程训练.3版[M].上海：东华大学出版社，2019.

[13] 张灵霞.图解女装制板与缝纫（视频版）[M].北京：化学工业出版社，2022.

[14] 李荒歌.旗袍设计、制作与剪裁实例教程[M].北京：电子工业出版社，2020.

[15] 安晓冬.服装设计、裁剪与缝制一本通[M].北京：化学工业出版社，2018.

[16] 杨妍，唐甜甜，吴艳.服装立体裁剪与设计[M].北京：化学工业出版社，2021.